増補改訂版
探そう！
ほっかいどう
の虫

堀 繁久

北海道新聞社

はじめに

　この本は、2006年に出した「探そう！ほっかいどうの虫」に載せられなかった昆虫を追加した増補改訂版である。北海道の昆虫に照準をあわせて、野外で昆虫たちに出会うためのノウハウをできるかぎり凝縮して紹介しているので、ぜひ、この本を読んで北海道のさまざまな昆虫を探していただきたい。

　昆虫採集は自然科学の入り口である。日本の自然科学者の中には子どものころ昆虫少年だった方も多い。自然の中で昆虫を探すためには、虫が食べたり集まったりする植物を知らなくてはならないし、昆虫自身の生活史や生態の知識も必要になってくる。この趣味をつきつめていくには、さらにいろいろな能力が必要となる。野山を歩き回り木に登る体力。外国語を含め多くの文献を読む語学力や読解力。未知の昆虫の生態を推理する洞察力。採った小さな昆虫を標本にするためには外科医のような手先の器用さが要求される。この趣味の楽しさは、一匹の虫に出合うまでの過程だ。採りたい虫について文献を調べ、採ったことのある人から話を聞き、目指す虫に一歩一歩近づいていく。その作業は、刑事や探偵が証拠を集め、聞き込みをしながら犯人を探し出すのとよく似ている。しかし、自然相手なので、目指す虫に出合えることは少ない。見つからない時は、なぜその虫に出合えなかったかを考えてみる。場所は？天候は？季節は？時間帯は？植物の生長は？いろいろな要因を考えてみる。もし、偶然でも目指す虫が採れたときは、その虫がどうしてそこで採れたのかを考える。そうすることにより、次回からその虫に出合うことのできる確率が飛躍的に向上してくる。目的の虫が採れずに何度もフィールドに通い、ようやく目的の虫に出合うときが一番うれしい時である。しかし、相手は昆虫なので必ず採れるとは限らない。そこからが、さらに緊張と興奮が入り交じる時である。長い間、あこがれて探しつづけた虫を見つけ、目の前に相対し、ジリッジリッと少しずつ間合いを詰めながら、息を押し殺し、相手の逃げるタイミングと撮影や捕獲のタイミングを計るのである。何度も逃げられるかも知れないが、逃げられた回数が多いほど撮れたり、捕まえられたときの喜びは大きくなるのだから。あきらめずに何度も挑戦してみよう。

　近年、フィールドで虫採りをしている親子や若者を見かける機会が増えてきた。おそらく、背景として外国産のカブトムシやクワガタムシのブームやインターネットによる昆虫に関する情報提供があるだろう。さらに、小さな子どもを育てている親たちも、子どもを連れて野山に出ているうちに自然に触れあい、童心にかえっていろいろな昆虫を見つける楽しみにあらためて気づきはじめたのかも知れない。

　この本が子どもたちをはじめ皆さんに、野外で昆虫を探すワクワクする楽しさや捕まえる時の心臓の高鳴りを伝え、昆虫や自然と触れ合うきっかけになることを願っている。

　　　　　　　　　　　　　　　　　　　　　　　　　　　　　　　　　　堀　繁久

目次

増補改訂版 探そう! **ほっかいどうの虫**

004　採集に出かけよう!
006　昆虫採集のポイント
008　この本の見かた
010　用語解説

011　Part one/クワガタを探そう。
012　ミヤマクワガタ
014　ノコギリクワガタ
016　ヒメオオクワガタ
018　アカアシクワガタ
020　オオクワガタ
022　コクワガタ
024　スジクワガタ
026　オニクワガタ
028　ツヤハダクワガタ
030　マダラクワガタ
032　マグソクワガタ
034　クワガタムシ腹面図鑑

035　Part two/森で探そう。
036　カブトムシ
038　ミヤマハンミョウ
040　オオルリオサムシ
042　オオルリオサムシ VS アイヌキンオサムシ
044　北海道のオサムシ図鑑
046　オトシブミ
048　エサキキンヘリタマムシ
050　オオセンチコガネ
052　アオカナブン
054　ヨツスジハナカミキリ
056　ルリボシカミキリ
058　ヒゲナガカミキリ
060　ホソコバネカミキリ
062　エゾハルゼミ
064　オオムラサキ
066　ジョウザンミドリシジミ
068　ゼフィルス卵＆幼虫図鑑
070　オオミズアオ
072　ベニシタバ
074　イカリモンガ
076　ヨツボシモンシデムシ
078　オオキノコムシ
080　アイヌヨモギハムシ
082　オオゾウムシ
084　サッポロフキバッタ
086　シラキトビナナフシ

088　ベニスズメ
090　スギタニキリガ
092　エゾオオマルハナバチ
094　Column #1　野外で危険な動物/植物

095　Part three/草原で探そう。
096　テントウムシ
098　ダイコクコガネ
100　ハネナガキリギリス
102　トノサマバッタ
104　ジンガサハムシ
106　アカスジカメムシ
108　Column #2　野外で危険な昆虫 I

109　Part four/池や沼で探そう。
110　オニヤンマ
112　ゲンゴロウ
114　場所別ゲンゴロウ図鑑
116　キヌツヤミズクサハムシ
118　ミズカマキリ
120　Column #3　野外で危険な昆虫 II

121　Part five/川や海で探そう。
122　オオイチモンジ
124　ジャコウカミキリ
126　ヒョウタンゴミムシ
128　オオハサミムシ
130　Column #4　ハチの威を借る虫たち

131　Part six/家の周りで探そう。
132　キアゲハ
134　エゾシロチョウ
136　オオモンシロチョウ
138　アキアカネ
140　エゾエンマコオロギ
142　ケラ
144　クロヤマアリ

146　Column #5　北海道へ侵入してきた外来昆虫
148　Column #6　北海道の樹液採集
150　Column #7　トラップ採集にチャレンジ!
154　Column #8　デジタルカメラで昆虫写真を撮ろう!

156　索引

採集に出かけよう！ 昆虫採集ベーシックスタイル

【ルーペ】
いろいろな倍率があるが、ミドリシジミの卵などを見るには、x10〜x20くらいの倍率のものが欲しい。

【ピンセット】
虫をつまむための道具

【毒ビン】
酢酸エチルなどの薬品を染み込ませたティッシュを入れて、採集した昆虫をしめる容器

【吸虫管】
手でつまむとつぶしてしまいそうな微小な甲虫を吸い取る専門の道具

【フィルムケース】
小さな虫を生かして持ち帰るのに使用する。ヤゴやセミの抜け殻を入れておくのにも便利

【フィールドノート】
採集した場所や、観察した昆虫の生態を書きとめておくノート

【タトウ】
採集した甲虫やカメムシなどを綿の上に整形して並べて包む紙

【三角紙】
採集したチョウやガを包む紙

【ミニスコップ】
盆栽などに使う小型のスコップ。糞虫などを採るときに便利

【虫除けスプレー】
カやブヨなどを避けるためにぜひ持っていきたい

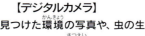
【デジタルカメラ】
昆虫を見つけた環境の写真や、虫の生態写真を撮影

虫かご
昆虫を生きたまま捕獲して入れておく容器

昆虫採集の服装
check! 基本は長そで・長ズボン
check! 帽子やタオルも忘れずに
check! 虫除けも忘れず持っていこう
check! 釣り人やカメラマンの使うベストはポケットが多くとても便利
check! 靴/軽登山靴や運動靴を使用。水辺や湿地に入るときは長靴があると便利

捕虫網
トンボやチョウを採る網だが、色や網の目はいろいろな種類があるので、目的の昆虫にあわせて使い分ける

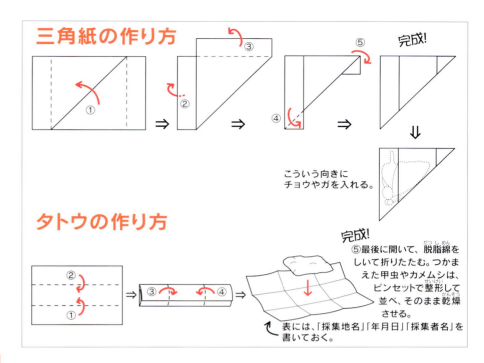

三角紙の作り方

タトウの作り方

こういう向きにチョウやガを入れる。

完成!
⑤最後に開いて、脱脂綿をしいて折りたたむ。つかまえた甲虫やカメムシは、ピンセットで整形して並べ、そのまま乾燥させる。

← 表には、「採集地名」「年月日」「採集者名」を書いておく。

あると便利な道具

【タッパー】
水棲昆虫を植物と一緒に持ち帰る時や朽ち木の虫を朽ち木と一緒に持ち帰るときに便利

【携帯用捕虫網】
釣り用のランディングネットを改造して作れば、長い捕虫網を持って歩く必要がなくなる

【懐中電灯】
最近のLEDライトは、小型で明るく長寿命なので便利

【手ぐわ】
PTの穴を掘ったり、朽ち木をくずすのに便利

【根掘り】
地面に穴を掘るときに使う

特殊な用途の道具

【ビーディングネット】
木の枝や枯れつるを叩き、その下に広げて落ちてくる昆虫を受ける布

【穴開け道具】
PTの穴を効率的に開けられる。園芸用品や日曜大工用品店などで手に入る

【水網】
ゲンゴロウやミズカマキリなど水中にくらす昆虫をすくう網。除雪用具のジョンバーに金網を張ったものも代用できる

昆虫採集のポイント

ここでいうポイントというのは、特定の地名や場所ではなく、どんな所を探せば虫に出合えるかという、昆虫のいる場所の見つけ方を紹介する。

森林

高い大きな木が茂り、昼なお暗い原生林のような森はいかにも大物の虫がいそうな雰囲気があるかもしれないが、実際探してみると虫の数は少ない。キノコに集まるような種類はそういう環境を探すが、多くの昆虫は森の外側の部分や、歩道の近くにいることが多い。狙う虫の集まる木や花の種類をまずおぼえよう。次は、その虫が活動する時期にあわせて場所を探す。虫が動く季節は毎年変わるので、今年は桜の開花が早かったとか遅れたとか、セミの初鳴きはどうだったかという生き物の活動をチェックしておいて、その年の季節の進み具合を修正すると良い。

実際に、森のどこを探すのか？　樹液については148ページに書いておいたのでそこを参考にして探そう。季節ごとにいろいろな花が咲くので、その花を見つけるとさまざまなチョウやカミキリムシを採ることができる。できれば、柄の長いさおを用意しておくと高い木の花もすくうことができる。木を切り出して積んである土場があれば、いろいろな甲虫を採ることができる。新しい木にはカミキリムシの仲間が集まってくるし、古い木にはキノコなどが好きな、ヒゲナガゾウムシやオオキノコムシなどが集まる。

意外と面白いのが、遊歩道などについている手すりやさくだ。虫はモノに登る習性があるので、そのようなさくなどがあると上に登ってしまう。木であれば高い所に上がってしまうが、さくであれば高さは限られているのでその上をウロウロすることになる。そこを見て歩くだけでいろいろな昆虫に出合うことができるのだ。特に初夏から夏にかけてが狙い目。

道路の側溝も多くの種の昆虫が入っている。新しい側溝が特に数が多い。オオルリオサムシやマイマイカブリなどのオサムシ類はもちろん、センチコガネやセミなどもよく入っている。

草原

春からいろいろな昆虫が活動しているが、バッタやキリギリスは春から初夏にかけては幼虫が多い。成虫を探すなら真

切り出した針葉樹を積んだ土場

側溝の中でミミズを食べているコブスジアカガネオサムシ

公園の手すりに登っているシロトラカミキリ

虫の多い水際の泥地

夏に探すのが良い。草原と言っても、背の高い草が茂っている場所もあれば、芝生のように短い草だけの所もある。草の短い場所の方が虫は探しやすい。チョウやガを探すときは、食草や集まる花がある草原を探す。そんな空き地にはよく、いろいろな物が転がっているが、その下もチェックしてみよう。コオロギ類やオサムシ、ゴミムシなどは、石の下や捨てられた段ボールの下に隠れていることが多い。

池や沼

　深くて大きな池や沼には何かすごい昆虫がすんでいそうな気がするが、そんなことはなく、案外浅い小さな池に多くの虫が暮らしている。大きな池でも虫がいるのは縁の草の下などで、池の真ん中の深い場所は虫が少ないし、危ないので入らないようにしよう。水の中に暮らす昆虫は、普段は草や枯れ木に止まっていることが多い。水の深さが10センチメートルくらいの草の多い浅い場所が、いろいろな昆虫がいて狙い目だ。そんな場所では、長靴で入って少しかき回し、あわてて動き出す虫を見逃さないように、足元の水面と水中をじっと見ることがコツ。

森に囲まれたため池

家の周りでも良く探せば色々な昆虫が見つかる

川や海

　河原を探すと、そこで暮らすゴミムシやバッタなどが見つかる。川の周囲に広がる河畔林にはカミキリムシやハムシ、そしてヤナギ類やハンノキ類を食樹としているチョウが見つかる。海岸の砂浜に夜に行くとさまざまな海浜性の昆虫たちが活動しているのを見ることができる。昼間は海藻や流木などの下に隠れているので、そこを探すことが海浜性昆虫を発見するコツだ。

家の周り

　家の周りの虫を見つけるには、なるべく時間を見つけて5分でも10分でも毎日、見回るようにしよう。そうすれば、今日はエゾシロチョウが羽化してきたとか、卵を見つけたとかという毎日の変化が分かってくるはず。デジカメを持っていれば、それを撮影して日記代わりに記録していくと面白い。夏から秋になれば、鳴き声に気をつけていれば、カンタンやコオロギの鳴く場所も近所のどこかで見つけられるはず。昆虫は、意外と身近な場所にもいるので、そういう自分だけの観察場所を見つけるのも面白い。

形態に関する用語

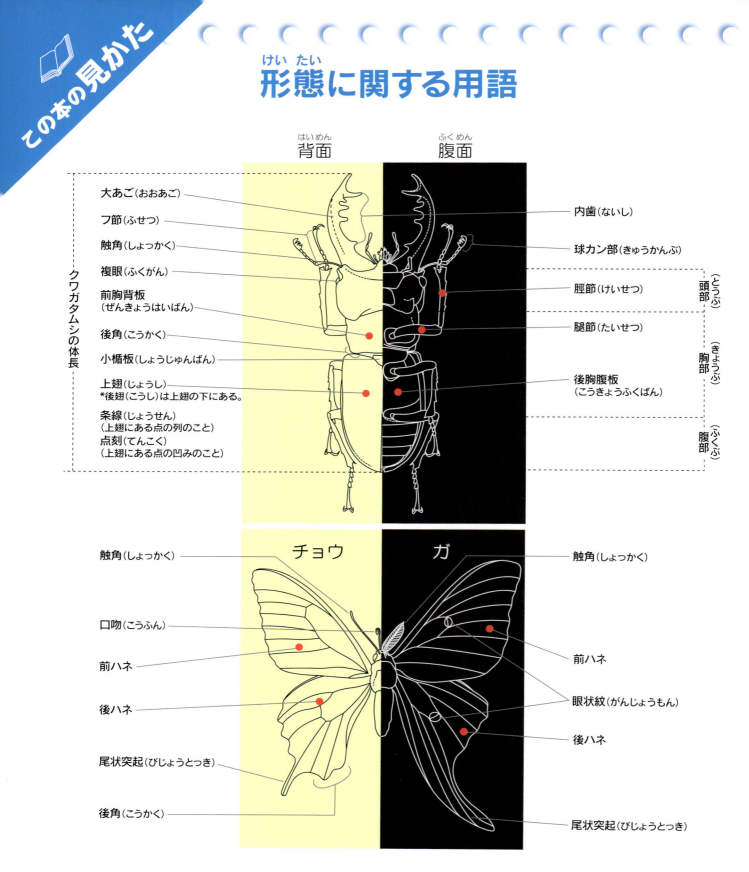

- 和名：日本国内での呼び名
- 学名
  - 属名
  - 種小名：属名と種小名で表される名前が学名といって、世界共通の種名となっている
- 章名
- 科和名
- 科英名

データ・ブロック
- 体長：昆虫の大きさ
- 開長：チョウ・ガのハネを開いた幅
- 分布：北海道で昆虫が生息する地域
- 季節：成虫の採集に適した季節
- 食物：昆虫の食べ物
- 章別インデックス

標本
写真の横にある灰色の表示がその昆虫の実際の大きさ。灰色の表示のない場合は原寸で、写真が実際の大きさ

生態写真
野外で活動している昆虫の写真

ワン・ポイント・アドバイス
昆虫の専門家が明かす採集テクニックや昆虫にまつわるおもしろ話

用語解説

昆虫の専門用語は大人でも初めて聞くむずかしいものがたくさんある。
本ページでは、この本の中で使われているそんな専門用語をズバリ解説しよう！

赤腐れ（あかくされ）
褐色腐朽菌（かっしょくふきゅうきん）によって分解された朽ち木で材部の色は赤茶色。

隠蔽色（いんぺいしょく）
木の肌や葉などの背景に溶け込んで見えなくなる色。

ウロ（洞）
樹木に開いた穴。いろいろな昆虫のすみかとなっている。

外灯回り（がいとうまわり）
昆虫のよく集まる街路灯などを夜に見回ること。

後食（こうしょく）
甲虫などが成虫になってから、葉や樹皮、花粉などを食べること。

三角紙（さんかくし）
チョウやガなどを入れて折りたたむ専用紙。

収斂（しゅうれん）
異なる種の生物が、同じような場所に暮らすときに、色や形が似通った姿に進化すること。

食樹（しょくじゅ）
昆虫の幼虫が食べる樹木。

食草（しょくそう）
昆虫の幼虫が食べる草。

白腐れ（しろくされ）
白色腐朽菌（はくしょくふきゅうきん）によって分解された朽ち木で材部の色は黄白色。

走光性（そうこうせい）
正と負の走光性があり、正の走行性では光に集まってくるが、負の走行性では逆に光から遠ざかる。

タトウ
綿を敷いて甲虫などをならべ、四角く紙をたたんだもの。

単為生殖（たんいせいしょく）
オスとは関係なく、メスが単独で子をつくり、次の世代を生み出す繁殖方式。昆虫では、ゾウムシやナナフシ、アブラムシなどで知られている。

同定（どうてい）
昆虫の種名を図鑑や文献、他の標本との比較などにより、正確に鑑定すること。

特定外来生物（とくていがいらいせいぶつ）
環境省が外来生物法により定めた、生態系、人の生命・身体、農林水産業へ被害を及ぼすもの、または及ぼすおそれがある海外起源の外来生物。これに指定されると原則として輸入、飼育、栽培、保管、運搬、放逐が法律により禁止される。

PT（ピットフォールトラップ）
コップを地面に埋めて落とし穴にして捕獲するトラップ。

FIT（フィット）
透明なビニールやアクリル板を地面と垂直に立てて、そこにぶつかる飛翔昆虫を下に設置した受け皿で受けて捕獲するトラップ。

揺籃（ようらん）
オトシブミやチョッキリが葉を丸めてつくる、子育てのためのゆりかご。

LT（ライトトラップ）
夜間、虫の好む波長の光を点灯して、虫をおびき寄せるトラップ。

累代飼育（るいだいしいく）
飼育により卵から成虫まで何世代も繰り返し育てること。

クワガタを探そう。

北海道の自然が育む人気ナンバー・ワンの甲虫！

- ミヤマクワガタ
- ノコギリクワガタ
- ヒメオオクワガタ
- アカアシクワガタ
- オオクワガタ
- コクワガタ
- スジクワガタ
- オニクワガタ
- ツヤハダクワガタ
- マダラクワガタ
- マグソクワガタ

part one

クワガタを探そう

子供も大人も大好き！
人気No.1のクワガタムシ

ミヤマクワガタ
Lucanus maculifemoratus　クワガタムシ科　Lucanidae

01 エゾ型♂　02 基本型♂　03 フジ型♂　04 小歯型♂　05 極小歯型♂　06 ♀

体長	分布	季節	食物
♂:33〜78mm、♀:24〜46mm	北海道全域、利尻島、焼尻島、奥尻島	1 2 3 4 5 **6 7 8 9** 10 11 12	成虫:樹液　幼虫:朽ち木

道内一大型で人気のクワガタ

　オスは黒褐色で、全身黄金色の毛でおおわれる。通常は頭の後ろの両側に耳のような突起があるが、小型のオスにはほとんどない。メスは黒色〜黒褐色で光沢があり、大アゴは太く短い。オス・メスともおなかの側から見ると、腿節に黄色い模様をもっていることが多い。この種を含め、一般にクワガタムシ科の甲虫は、触角の第一節が長く、続く二節以降は短くなって触角が「くの字」に折れ曲がり、先端のいくつかの節は太くなって球カン部を作るのが特徴。

◆ミヤマクワガタ採集のコツ！
ミヤマクワガタを採るには何といっても、採集する季節が重要。夏休みに入るとメスばかりが多くなるので、6月中旬から7月中旬ごろ、木に登っているミヤマクワガタを探そう。樹液で採るには、ミズナラとハルニレが狙い目。低い場所だけでなく高い枝までじっくり探そう。

　北海道で最も大型になり、非常に人気の高いクワガタムシ。70ミリ以上の大型の個体を採るのはなかなか難しく、75ミリを超える特大の個体ともなれば、何年も探し続けてようやく採ることができる貴重なサイズだ。主に昼間活動し、5月下旬〜7月ごろにはいろいろな植物の上で見つかる。この季節のミヤマクワガタは、"木登りミヤマ"とも呼ばれている。発生し始めの時期で、オスは体の表面の毛がそろっていて美しい。気温の高い夜は灯火にもよく飛んで来る。来る個体はメスと小型のオスの割合が高い。発生のピークは7月で、夏休みの7月下旬から8月にかけての期間はメスが多くなる。年によっては、9月の秋に活動する個体がでる年もある。夏に活動している成虫は越冬せずに、オスは交尾後、メスは産卵の後に死ぬ。
　幼虫は広葉樹の立ち枯れや切り株、その根などから見つかる。材の状態はやや腐食の進んだ朽ち木。野外では成虫になるのに数年必要、飼育すると早いものでは1年で成虫になることもある。野外では、夏に羽化した成虫は、朽ち木の中で越冬して次の年に活動を始める。

　幼虫を飼う時は、幼虫の入っていた朽ち木の破片を容器の上まで詰めて、容器の中で転がったりして動かないようにする。その時に、クワガタムシの幼虫を食べるコメツキムシやゴミムシダマシなど他の甲虫の幼虫を一緒に持ち帰らないようにする。なお、成虫や幼虫を採集して育てるため持ち帰るときは、閉めきった車などに放置して蒸らさないように注意すること。

◆ミヤマクワガタの3型（タイプ）

　オスの大アゴにはエゾ型、基本型、フジ型の3型がある。エゾ型は先端の二またが大きく広がり付け根の内歯の発達が悪くなる。基本型は先端の二または狭く、付け根の内歯が発達する。フジ型は先端の二または狭く付け根の内歯はとても発達し、アゴを閉じると付け根側の内歯がぶつかっても先端は交差しない。道北、道東ではほとんどエゾ型ばかりになるが、北海道南西部では3型すべてが見られる。親がエゾ型の個体でも、その卵を飼育すると標準型が多く出たりする。幼虫時代の温度などの環境条件によって大アゴの形が変化してくることが最近分かってきている。

①樹液は昆虫たちの社交場
②ハネを広げて飛ぶミヤマクワガタのオス
③ハルニレの樹液を求めて歩きまわる小型のオス

クワガタを探そう

大きなオスは大アゴが曲がる

ノコギリクワガタ
Prosopocoilus inclinatus クワガタムシ科 Lucanidae

01 大歯型♂
02 やや大歯型♂
03 中歯型♂
04 小歯型♂
05 極小歯型♂
06 ♀

オスの大アゴには、大歯型、中歯型、小歯型の3タイプがある。

体長	分布	季節												食物
♂:26〜71mm、♀:25〜38mm	北海道全域、奥尻島		1	2	3	4	5	6	7	8	9	10	11	12	成虫:樹液、幼虫:朽ち木

体色はいろいろ

体色は赤褐色から暗褐色までいろいろで、時に全体が黒い個体も出る。オス、メスともに体の表面は細かい鮫肌状で、光沢は鈍い。メスは、やや紡錘形の体型をしていて、体の中央部あたりがふくらんでいて厚みがある。オスの大アゴは細かい内歯がたくさんあり、鋸の歯に似ていることからこの名が付けられた。地域によっては、子どもたちの間で大歯型の大アゴの強く曲がった大きなノコギリクワガタはスイギュウ（水牛）などと呼ばれ人気がある。

奥尻島、北海道内各地に分布するが、分布はやや局地的で南西部に多い。標高の高い山地には分布せず、どちらかというと山間部よりも、低地の農村地帯や河川沿いに多く見られる。ミズナラやハルニレの樹液でも採れるが、ヤナギに集まる個体を探すのが最も効率的。札幌近郊では石狩川周辺、安平町（旧・早来町）や厚真町の河川沿いのヤナギの枝によく集まる。ヤナギの細枝に鈴なりに付いていて、1本の木から数十匹のノコギリクワガタがバラバラと降ってきたことも。たくさんの個体が1本の木の枝に付いているのを運良く見つけた時は、一番採りやすい個体か大型でぜひとも採りたい個体に狙いを定めて、柄の長い捕虫網で周りの枝を揺らさないようにして、下から網で受けるようにして採集するとよい。

減った、大量に見つかる場所

木の枝についているノコギリクワガタをじっくり観察すると、生きた枝の樹皮をメスがかじって樹液を出してなめるため、そこに多くの個体が集まるようだ。多くのオスは体の下にメスを抱える交接ペアでいることが多い。このペアは、オスがメスを抱えて他のオスに奪われないようにガードしているのだ。近年は、北海道各地で河川の周りのヤナギの林がなくなってきており、そのように一度にたくさん見つかる場所は減ってきている。灯火にもよく飛来するが、中・小型のオスやメスが中心。

幼虫は、地面に半分埋もれたような朽ち木から見つかることが多く、立ち枯れや切り株などでは根の部分に入っていることが多い。

One Point Advice

初夏に河口や海岸に打ち上げられた流木をひっくり返すと、下にひそんでいるノコギリクワガタが見つかることがあるゾ!!

①メスのかじったヤナギの枝に集まるノコギリクワガタ
②ヤナギの細枝で、メスをガードするオス
③ノコギリクワガタの2齢幼虫
④灯火に飛んできたオス

体長	分布	季節	食物
♂:28〜55mm、♀:28〜42mm	北海道南西部、奥尻島	1 2 3 4 5 **6 7 8 9 10** 11 12	成虫:樹液、幼虫:朽ち木

秋に活動する特殊なクワガタ

1883年にイギリス人のジョージ・ルイスによって渡島管内七飯町の蓴菜沼と栃木県日光の中禅寺で採集され、新種として知られるようになった北海道にゆかりのあるクワガタ。

成虫はオス・メスともにつや消し状の黒色で脚が長い。オスの大アゴの内側には、ななめ上に向かって突き出る長い内歯があり、オスの前胸は幅が広く逆台形型に発達する。メスの前胸は後角が大きく半円状にえぐれる。

北海道では渡島半島のブナ帯が主な生息地で、200〜800㍍くらいの標高の林道でよく見つかる。ブナは生えていないが、小樽、札幌、江別、北広島、恵庭、千歳、苫小牧各市、空知管内月形町などの北海道南西部も産地。札幌市近郊では標高100㍍に達しない低地にも生息する。今後、さらに新しい道内の産地が見つかる可能性が高い。

以前は、なかなか見つからず、採るのが難しいクワガタムシであったが、その特殊な生態が少しずつ分かってきて、最近では時期とポイントさえ押さえれば、確実に採ることのできるクワガタムシになった。その特殊な生態というのは、ほかのクワガタムシが見られなくなった秋に主に活動することと、ほかの多くの種が集まるミズナラやハルニレなどの樹液にはあまり集まらず、主にヤナギやハンノキの細い枝をメスや小型のオスが自分でかじって樹液を出して吸う。さらに、汁を吸う樹木はシラカンバ、ウダイカンバ、タラノキ、ノリウツギ、ハリギリ、ヤマブドウなどの樹木やつる植物のほか、ハンゴンソウやオオイヌドリなどでも観察されている。成虫で越冬し、夏から秋遅くまで成虫が見られ、夏に羽化した新成虫が活動に加わる8月下旬〜9月上旬くらいに数が最も多くなる。

見つけたらまずはあわてずに…

ヒメオオクワガタを探すには、若いヤナギやハンノキが生えている風通しの良い尾根筋を通る林道に入り、このクワガタムシの好む植物の枝を見て歩くのが基本。成虫がかじった新しいあとがこのクワガタが好むヤナギやハンノキの枝にしっかりと付いていれば、半分採れたようなもの。多くの場合、枝にペアでいることが多いので、単独でいるときよりもクワガタムシのシルエットが大きく目につきやすい。振動などですぐに落ちてしまうので、見つけても慌ててその木に近づかないこと。一度地面に落ちたクワガタムシは、その近くの落ち葉の下などに隠れてしまい、見つけ出すのは難しい。クワガタムシを見つけたら、落ち着いてその周囲の枝も見回そう。近くに別の個体がいることもよくある。複数いたときは、採りやすい個体か、最も大きな個体に狙いを定めて、長い網をそっと伸ばしてその網で落ちるクワガタムシを受けるのが一般的な採り方。さらに、長い釣りざおをもう1本持ち、それでクワガタムシを突いて下に構えた網へ落とすという方法もある。

幼虫は白腐れのブナの太い倒木や立ち枯れなどから見つかる。産卵させるのが難しく、採集した翌年に産卵する例が知られている。累代飼育の難しいクワガタムシである。

One Point Advice

◆将来のために…
コツをつかむと見つけやすいクワガタムシなので、採集による影響を受けやすい。たくさん見つけても必要な数以上の個体（特にメス）は見つけた場所で放してあげよう。そうすれば、また、翌年以降もその場所でヒメオオクワガタに出合うことができるのだから。

①ヤナギの細枝を歩くヒメオオクワガタのオス
②ヤナギの枝にとまるペア
③こんな立ち枯れは絶好の産卵場所

クワガタを探そう

赤い脚がオシャレなクワガタムシ

Dorcus rubrofemoratus

アカアシクワガタ

クワガタムシ科　Lucanidae

①大歯型♂

②中歯型♂

③小歯型♂

④極小歯型♂

⑤♀

体長	分布	季節	食物
♂:23〜57mm、♀:25〜38mm	北海道全域、奥尻島	1 2 3 4 5 6 7 8 9 10 11 12	成虫:樹液　幼虫:朽ち木

お腹と脚の一部が赤いのが特徴

オス・メスともに背口は黒くてにぶい光沢をもち、体の下面は後胸腹板と腿節が赤色。通常、オスの大アゴの先端部には2〜3本の小さな内歯があるが、小型のオスでは内歯の数が少なくなり、中にはなくなる場合もある。

本州以南では山地で見られるクワガタムシだが、北海道では道内各地と奥尻島で低地から山地まで普通に見られる。6月下旬ころから9月中旬にかけてヤナギ類やハルニレなどの樹液などに集まることが知られている。ヒメオオクワガタと同じく、ヤナギ類の細い枝に傷をつけて、汁を吸う習性をもち、カンバ類の枝にも傷をつけ汁を吸うこともある。ヒメオオクワガタといっしょに生息する地域も多いが、どちらかというと、アカアシクワガタの方が低い標高の場所や河川沿いに多く見られる。場所によっては、8月中旬〜9月にかけてヤナギ類の細い枝に鈴なりに付いているのが見られる。

成虫は数年生き、越冬した成虫が早い時期に見られることもある。長生きしている個体は、体の表面に細かい傷がついていて、脚の脛節や大アゴの先などがすり減って丸くなってきているので、新成虫と区別できる。

木登りが得意！

灯火にもよく飛んで来る。木登りが得意なクワガタムシで、灯火に来た個体も外灯の周囲にある植木や街路樹などに登っていることが多いので、外灯回りでこの種を探すときは、下の地面ばかりでなく周囲の樹木や建物の壁面などもチェックするようにするとよい。

幼虫は各種広葉樹の白腐れの朽ち木に生息する。

◆似た種との見分け方

ヒメオオクワガタやコクワガタと似ているが、この種は、オス・メスともにひっくり返すと後胸腹板と脚の各腿節部が赤色をしているので、区別できる（下写真）。慣れると背の側からも、光沢や点刻、体の厚みなどでメスでも間違わずに区別できるようになる。

①ヤナギの枝に集まるアカアシクワガタ
②朽ち木の上を歩くアカアシクワガタのオス

クワガタを探そう

いつかは採りたい
あこがれのクワガタムシ

Dorcus hopei
クワガタムシ科　Lucanidae

オオクワガタ

01 大歯型♂　02 中歯型♂　03 小歯型♂　04 極小歯型♂　05 ♀

体長	分布	季節												食物
♂:27〜72mm、♀:34〜45mm	北海道南部		1	2	3	4	5	6	7	8	9	10	11	12	成虫:樹液　幼虫:朽ち木

「宝のウロ」を探せるか!?

　全体が黒く、大型のオスは大アゴの先端近くに、ななめ前方に向く長い内歯をもち、中、小型のオスでは、大アゴの中央部付近に上向きの短い内歯をもつ。メスは上翅にはっきりとした縦のすじが入る。

　古い昆虫図鑑では、オオクワガタの分布域に北海道は含まれていなかったが、近年、檜山管内厚沢部町、せたな町など渡島半島を中心に北海道でも自然分布していることが分かった。成虫は夜行性で、数年生きることが知られている。北海道では、ボコボコに穴の開いた樹液の豊富なミズナラやハルニレをすみかにして、昼間は樹液そばのウロに潜っている。そのため、ウロの開いていない木では、樹液が出ていてもオオクワガタはいない。樹液がたっぷりの良い木のウロは、オオクワガタにとって数少ない優良住宅物件のようで、そんなウロでオオクワガタを採集した時は、空き家になったウロに、しばらくすると別のオオクワガタが入ってくる。その場合、だんだんと後で入ってくるオオクワガタの大きさが小さくなってくるという。良いウロというのは、大きくて強いオスが最初に入るため、小さなオスはなかなかその穴を確保することは難しいようだ。樹液に来ているオオクワガタを見つけても、懐中電灯などでいきなり照らすと、ウロに逃げ込まれることがあるので慎重に探す。もし、ウロに潜ったときは何度もそこへ通い、穴から出たタイミングで捕まえるか、ウロをのぞいて体が見える時には、ピンセットや針金などの道具を使って取り出す方法もあるが、なかなか難しい。間違っても、ノコギリで木を切ったりしてはいけない。オオクワガタの入るウロというのは貴重なもので、そのままにしておけば、また新しいオオクワガタによって利用される宝の木なのだから。

①北海道で再発見された68mmの大型オス
②灯火に飛んできたメス
③ミズナラの樹液に来た中型オス

灯火採集も有効な手段

　北海道で最も一般的でしかも有効なオオクワガタの採り方は灯火採集である。通常は、外灯回りといい、クワガタムシの飛んでくる外灯を一つずつ見て回る。オオクワガタは、人家が1軒もない深い山奥よりも周りに畑や水田のある里山にいることが多い。北海道では、7月中〜下旬と8月中旬〜9月上旬に灯火にやって来る。ほかのクワガタムシのように飛んで来て外灯の下にじっと動かずにいるということは少な

く、オオクワガタは太い体と短い脚に似合わずとても素早く歩き回り、遠くへ移動してしまうことが多い。そのため、直前にほかの人が外灯を見回っていたとしても、タイミングさえ良ければ飛んで来たばかりのオオクワガタを拾えるチャンスがある。小雨が降るくらいの天候でも見つかることも多いようだ。外灯から離れた場所にいることも多いので、懐中電灯を持って外灯の周りの壁や物かげも念入りにチェック。条件の良い天候の晩でも、一晩で1個体拾えたらラッキーな、とても捕まえるのが難しいクワガタムシだけに、何度も通ってようやくオオクワガタを採った時のうれしさは格別である。

　幼虫は道内ではカワラタケやサルノコシカケなどの菌類の回ったブナ立ち枯れの白腐れ材の中から成虫とともに見つかった例が知られているが、ほかの多くの広葉樹の枯れ木も食べる。

One Point Advice

野外でオオクワガタを採るための近道はない。自力で採りたいときは、良いシーズンに何度も繰り返しオオクワガタが採れる地域の外灯を見回ることが一番確率が高い。気温が15度以上で、風が弱い晩が狙い目。小雨でも気温が高ければゴー!!

クワガタを探そう

平べったいから
木のすき間が大好き

コクワガタ

Dorcus rectus　クワガタムシ科　Lucanidae

01 大歯型♂

02 中歯型♂

03 小歯型♂

04 極小歯型♂

05 ♀

体長	分布	季節	1	2	3	4	5	6	7	8	9	10	11	12	食物
♂:22〜52mm、♀:21〜30mm	北海道全域、奥尻島						●	●	●	●	●				成虫:樹液　幼虫:朽ち木

道内一ポピュラーなクワガタ

　オス・メスともに黒色〜暗褐色。オスは平たく、通常は大アゴの中央に1内歯をもつが、小型のオスでは内歯は発達せずに多少その内歯にあたる部分が太くなる程度。メスは、頭の複眼の間に1対の小さな突起がある。大型の個体は、その平たい体型からか、ヒラタクワガタと混同されることがよくあるが、北海道には南方系のヒラタクワガタは分布していない。

　北海道で最もポピュラーなクワガタムシで、朽ち木さえあれば街中の公園や河川敷から、山地までさまざまな環境で見られる。昼間は樹液の出ている周辺のウロや樹皮のすき間などに隠れていることが多い。主に夜の間活動し、灯火には大型のオスは少ないが、メスはよく飛んで来る。

　小型のオスはよく大型のスジクワガタと混同されるが、同じ大きさ同士を比較すると、内歯の形が異なっているのですぐ区別できる。

　成虫は飼いやすく、しかも長生きで上手に飼育すると数年生きる。オオクワガタと近縁で、何例か自然界でもコクワガタとオオクワガタの雑種が見つかっている。この雑種のオスの大アゴはちょうどオオクワガタとコクワガタの中間的な形となる。

　幼虫は、白腐れの立ち枯れや倒木などの朽ち木に普通に見られ、メスは産卵の際に5円玉くらいの、円形で中央にへこみのある産卵マークを付ける。この真ん中のくぼみは穴を掘って産卵し、埋め戻した跡である。野外では50ミリを超える個体はほとんど採れないが、飼育すると比較的大きく成長し、上手に飼育すれば50ミリ以上の大型の個体を羽化させることも可能である。

①朽ち木の中の新成虫のオス
②朽ち木の表面につけられた産卵マークは独特の形をしている
③朽ち木の中で眠るコクワガタの蛹

◆似た種との見分け方
　メスはヒメオオクワガタと似ている。ヒメオオクワガタでは前胸背板後角がより深くえぐれ、脚も長い。オスはスジクワガタと似ているが、前胸背板がより幅が広く、小さな個体では内歯が消えやすい。

クワガタを探そう

スジクワガタ
Dorcus binervis クワガタムシ科 Lucanidae

メスと小さいオスのハネにスジがある

01 大歯型♂
02 やや大歯型♂
03 中歯型♂
04 小歯型♂
05 極小歯型♂
06 ♀

体長	分布	季節	1 2 3 4 5 6 7 8 9 10 11 12	食物
♂:15〜35mm、♀:14〜20mm	北海道全域、利尻島、礼文島、天売島、焼尻島、奥尻島		5 6 7 8 9	成虫:樹液、幼虫:朽ち木

体は小さいが子ども時代はやんちゃ坊主

　北海道で樹液に集まるクワガタムシでは最も小型。オス・メスともに黒色で、大型のオスは大アゴの中央に台形状に張り出した1内歯をもつが、小型のオスでは内歯は発達せずに真っすぐな短い大アゴになり、いっそう小型のオスでは大アゴが小さく、メスとまぎらわしい。小型のオスとすべてのメスの上翅に縦のすじが入り、他のクワガタムシとは一見して区別できる。

　北海道全域で見られ、クワガタムシ科でただ一種、北海道の主な周辺離島すべてで採集記録がある。渡島半島などの南西部では大歯型のオスが比較的よく見られるが、道東や道北では大歯型はまれとなる。

　主に地表付近で暮らすクワガタムシで、根のきわの樹液によく集まっている。ハルニレやヤナギなどの樹液が豊富に出ているときは、樹液が出ているへこみに体ごと入り込んでいることも多い。樹液が出ている木があったら、周囲の樹皮のすき間や樹液が流れた跡をたどって、その木の根元などもチェックしてみると隠れている個体を見つけることができる。地面をよく歩き回るようで、PT（ピットフォールトラップ）にたびたび落ちるクワガタムシ。灯火へ飛んで来る姿はまだ確認されておらず、もしかしたら飛べないか、飛ぶことがとても苦手なクワガタムシなのかもしれない。

　幼虫は、河川敷や林のふちに転がっている広葉樹の朽ち木に入っている。小型ではあるが、とても好戦的なクワガタムシで、野外で個体数が多い割には、飼育が難しい種類である。

One Point Advice

◆似た種との見分け方

大型のスジクワガタのオスは、大アゴの内歯はやや前方に台形状なのに対し、小型のコクワガタのオスの大アゴは中央の内歯がほとんど消えてなくなる。スジクワガタでは小型のオスとメスの上翅にすじが出る。オオクワガタのメスの上翅にもすじが出るが、こちらはより光沢が強く幅が広くて大型である。

左）大型スジクワガタ♂の大アゴ
右）小型コクワガタ♂の大アゴ

左）スジクワガタのメス。小型のオスと共に上翅にスジが入る
右）オオクワガタのメス。同じく上翅にスジが入るが、スジクワガタに比べ大型で光沢が強い

①雨の中、ハルニレに来ていた大型オス
②根際に多い小型オス
③メスをガードする大型オス

025

クワガタを探そう

上を向いたアゴが
カッコイイ！

オニクワガタ
Prismognathus angularis　　クワガタムシ科　Lucanidae

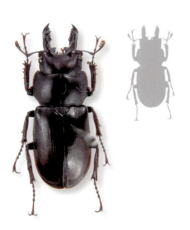
01 大歯型♂

02 中歯型♂

03 ♀

体長	分布	季節												食物
♂:17〜24mm、♀:16〜23mm	北海道全域、利尻島、奥尻島		1	2	3	4	5	6	7	**8**	**9**	10	11	12	幼虫:朽ち木

知られざるクワガタ

　黒色でツヤのある小型のクワガタムシ。オスの大アゴは太く短く、上に強く曲がった変わった形をしている。メスの大アゴはより小型でヤットコのように丸く内側へ曲がる。通常、オスの上翅にツルッとしているが、小型のオスとメスの個体では上翅にはっきりしない縦のすじがでることがある。

　8月中旬〜9月上旬にかけて成虫が活動するが、樹液に集まらないために、一般にはあまり知られていないクワガタムシ。変わったクワガタムシを採ったと言って持ち込まれるときは、このクワガタムシのことが多い。灯火にも、よく飛んで来る。オニクワガタを探すには、夏遅くから初秋にかけて広葉樹林の倒木を見て回るのが一般的。登山道や遊歩道の周囲に倒れている古い倒木の上をよく注意して探すと、見つかる。タイミングが良ければ、この倒木にもあっちの倒木にもいるという雰囲気で見つかる。

　幼虫はやや湿り気の多いやわらかめの朽ちた倒木に入っていることが多い。また、カツラの赤腐れ材にツヤハダクワガタの幼虫と一緒に入っていることもあり、一回り大きい幼虫はオニクワガタのことが多い。幼虫で越冬し、成虫での越冬は確認されていない。越冬中の幼虫は、体が凍りつかないように、体内の消化管の未消化物をすべて排せつしてから越冬に入るため、体全体が白く透明に見える。夏に羽化し、その年の夏遅くから秋にかけて現れる。

　成虫の期間が短いため、室内で飼育する際はまめにチェックしていないと、早く羽化して、成虫になって死んでしまっていることが多いので、定期的に様子を見るようにしよう。

倒木の上を歩きまわるオニクワガタの大型オス

立ち枯れについていたオニクワガタのオス

One Point Advice

◆樹液に集まらないクワガタムシを探してみよう
オニクワガタをはじめ、ツヤハダクワガタやマダラクワガタは樹液に集まらないので、普通にクワガタムシを探していてもなかなか見つからない。でも、発生時期や生態を知って森の中で、もう一度違う視点で探してみると、今度は見つかるかも…。初めて見るクワガタムシは、小さいけれど変わっていてワクワクするぞ。

クワガタを探そう

ツヤハダクワガタ
Ceruchus lignarius   クワガタムシ科　Lucanidae

01 大歯型♂

02 小歯型♂

03 ♀

体長	分布	季節	1	2	3	4	5	6	7	8	9	10	11	12	食物
♂:13～21mm、♀:12～16mm	北海道全域							6	7	8					幼虫:朽ち木

頭の「彫り」に注目!!

体長20ミリほどの、黒色で光沢の強い小型のクワガタムシ。小さいけれど、20ミリを超える大型のオスは、そのツヤと太い大アゴ、頭側部の彫刻など、大型のクワガタムシにはない魅力がある。樹液に集まらないため、普段なかなか目にすることは少ない。このクワガタムシは体型も円筒形をしていて変わっているが、オスの頭部が発達し、大アゴの根元が太く、その内側に茶色のふさふさした毛を持っているのが特徴。

この大アゴの形が地方によって異なる。大アゴが太くて短い亜種ミナミツヤハダクワガタが四国・九州に、大アゴの内歯が中央付近に出る亜種ミヤマツヤハダクワガタが本州中部〜紀伊半島に分布、北海道産は、本州北東部とともに、大アゴの内歯が根元付近に出る基亜種に含まれる。なお、小型のオスでは頭部の発達が弱く大アゴがとても小さくなってしまい、一見メスのように見えるので注意。

カツラやサクラの赤腐れの朽ち木から成虫、幼虫ともによく見つかる。夏に倒木の表面を歩いている個体が見つかるほか、夕方から夜間に、懐中電灯片手に公園などにある大きなカツラの古い木の枯れた部分を見回ると、活動中の成虫が見つかる。

成虫は飛ぶが、灯火に飛んで来ることはほとんどない。夕方、目線くらいの高さを飛ぶ個体を何度か確認している。

秋遅くに、赤腐れの朽ち木を割ると、終齢幼虫、前蛹、蛹、新成虫といろいろな状態で個体が見つかる。それぞれのステージで越冬しているのであろう。幼虫はやわらかい部分にも入っているが、成虫は外側がかたく中に泥状のフレークが詰まったような朽ち木に集中して入っていたりする。トドマツなどの針葉樹の赤腐れから割り出された例もある。

①朽ち木の中で越冬中のツヤハダクワガタの蛹
②赤腐れのサクラを食べる終齢幼虫
③朽ち木の表面に出て活動するツヤハダクワガタの大型オス

One Point Advice

◆ちょっと似た変なヤツ

ハルニレなどの樹液に集まる、黒くてツヤツヤして、大アゴが発達したエンマムシモドキという甲虫はツヤハダクワガタに形が似ていて、よく間違われる。しかし、全く別のグループのエンマムシに近縁の甲虫で、日本では1科1属1種というとても変わった甲虫なんだ。

右)エンマムシモドキ。ツヤハダクワガタによく似ているが、オシリの先がハネからはみ出ているので区別できる

クワガタを探そう

らしくはないけど…。
よく見れば立派なクワガタムシ

マダラクワガタ
Aesalus asiaticus　クワガタムシ科　Lucanidae

①マダラクワガタ♂　　　　　　　　　②マダラクワガタ♀

体長	分布	季節	1	2	3	4	5	6	7	8	9	10	11	12	食物
4〜7mm	北海道全域、奥尻島							6	7	8					幼虫：赤腐れの朽ち木

まだら模様は「毛」のかたまり

とても小型で丸い体型をしており、一見クワガタムシには見えない。でも、よく見るとオスは上に向く小さな大アゴを持っており、触角もひざのように折れ曲がっている。体は褐色で、背中は褐色と灰色の毛におおわれ、黒い毛のかたまりをマダラにもっている。

サクラやカツラなどの赤腐れの朽ち木を好み、年中成虫がみられる。しかし、幼虫に比べ成虫の個体数は少ない。夏になると、そのような朽ち木のくぼみの間や割れ目にじっとしている個体を観察でき、中には交尾しているペアも見つかる。林床に転がっている赤腐れの朽ち木を起こして、その折れ口などをていねいに探すのがコツ。朽ち木の中で幼虫はやわらかい部分で発見されるが、成虫はややかたい部分から割り出されることが多い。樹液や灯火には集まらないため、見つけるのはなかなか難しい。地面を歩きまわることがあるようで、まれにPT（ピットフォールトラップ）に落ちていることがある。

材の中の成虫は小型で枯れ木の破片とまぎらわしく、地面に落ちたら見つけるのが難しいので、枯れ木の下に白いビニールのテーブルクロスや布などを敷いて採集すると見つけやすい。また、朽ち木の中がアリの巣になっていることがあるが、その場合でも、アリの巣のすぐわきから出てくることも多い。

①林の中に転がっている赤腐れのサクラの朽ち木を丹念に探してみると、じっとしているマダラクワガタを見つけることができる
②赤腐れのサクラの朽ち木の中にいたマダラクワガタの幼虫

◆すご〜く見てみたい虫
北海道にはルリクワガタという、幻のクワガタムシが生息している可能性がある。ブナ林に暮らす、小さいけれど青色の美しいクワガタムシ。昔、函館あたりで採れたことがあるとか、苫小牧で枯れ木に（・）という形のルリクワガタ独特の産卵マークを見たなどいろいろなうわさがあるが、まだ実際に北海道で採れたというルリクワガタは見ていない。

031

クワガタを探そう

北海道で発見されたクワガタムシ

マグソクワガタ
Nicagus japonicus　　クワガタムシ科　Lucanidae

◎1 マグソクワガタ♂

◎2 マグソクワガタ♀

①砂にもぐりこもうとしているマグソクワガタのオス

②マグソクワガタのメスは、オスほど活発ではない
（大野雅英氏撮影）

体長	分布	季節	食物
♂:7〜8mm、♀:8〜9mm	北海道南西部	1 2 3 4 **5 6** 7 8 9 10 11 12	幼虫:砂に埋もれた朽ち木

三笠周辺で発見されたクワガタ

オスは黒い頭の部分を除き、全体が褐色で乳白色の毛でおおわれる。オス・メスともに大アゴは発達せず、背中側からは見えない。メスはオスに比べ太い体型で、褐色と黒褐色の2タイプがある。触角はクワガタムシ科の多くはひざのように「くの字」に折れ曲がる触角をしているが、この種は曲がらずに先端の3節が太くなって球カン部を形成する。長い間、分類的に何に属するかがあいまいで、ゴツゴツした形のコブスジコガネ科(03〜09)という糞虫のグループに入れられていたこともあるが、幼虫が確認されてあらためてクワガタムシ科として扱われるようになった種。

種小名にヤポニカスとあるように日本で発見されたクワガタムシで、発見地は三笠のイチキシリ。つまり北海道で発見されたクワガタムシだ。道内では渡島半島の各河川流域、石狩、空知、日高地方で確認されている。過去に記録のある地域でも、コンクリート護岸や河川の直線化などの河川整備により生息できる場所がなくなってしまい、生息地は減ってきている。

成虫は5月中旬〜6月中旬の春から初夏にかけて活動する。オスは晴れて風が弱く気温が高い日中、川の周りの砂だまりの上を活発に飛びまわる。通常は中、上流域の砂がたまった環境を好むが、石狩川では海が見えるような河口の近くにこの種の発生地が確認されている。風が強い日や気温の低い日は、砂に潜ったり、流木や漂着物の下に隠れたりしている。オスに比べ、メスは活発ではなく採集しづらい。地表付近を低く飛ぶため、河川わきの砂地にFIT(フィット)を設けるとよく入る。また、地表を歩き回るためにPT(ピットフォールトラップ)でも捕まえられる。

幼虫は、砂から一部が地上に出ている程度で大部分が砂に埋もれた朽ち木を食べて育つことが知られている。

以前、マグソクワガタが所属していたコブスジコガネ科の甲虫は、動物の死がいの最終分解者で、鳥や動物の骨、毛、羽毛などを食べて育つ森の掃除屋である。この仲間は凹凸があって立体的でカッコよく、さらに珍しい種が多いため、コガネムシ愛好家の中では非常に人気が高いグループである。道内では、春先にキツネの糞や猛禽類のペリットにヘリトゲコブスジコガネ(08)とチビコブスジコガネ(09)が集まる。さらに、道南であればヒメコブスジコガネ(06)が加わる。初夏になると、全道でムツコブスジコガネ(05)が鳥や動物の古い死がいに集まり、夏にはアイヌコブスジコガネ(03)がエゾシカなどの大型の死がいに集まる。コブスジコガネの仲間で、コブの無い変わりダネがコブナシコブスジコガネ(07)で、樹洞などの鳥の巣で発生するらしく、春〜夏にかけて灯火に飛来する珍種だ。あともう一種、マルコブスジコガネ(04)が分布していることになっているが、北海道での近年の記録はない。

北海道で見られるコブスジコガネ
03 アイヌコブスジコガネ
04 マルコブスジコガネ
05 ムツコブスジコガネ
06 ヒメコブスジコガネ
07 コブナシコブスジコガネ
08 ヘリトゲコブスジコガネ
09 チビコブスジコガネ

他のクワガタとは違い、採集のポイントはこんな砂混じりの河原

One Point Advice

◆目的の虫が見つからないときは…

マグソクワガタを探しに河原へ行っても、気温が低かったり風が吹いたりしてコンディションが悪く目指す虫がなかなか見つけられないこともある。そんなときは、ターゲットを変えて、河原や砂浜でいろいろな虫を探してみよう。石や流木の下には、ゴミムシ、コメツキムシ、ゴミムシダマシなど、さまざまな甲虫が隠れていて面白いぞ。河口や砂浜の流木やごみの下の砂中に、ヒョウタンゴミムシという牙の長いゴミムシが隠れていたりする。流木の下の砂を木の板などで少しずつそぐようによけていくと、コロンと出てくるから探してみるといい。

ヒョウタンゴミムシ

クワガタを探そう

腹 クワガタムシ腹面（ふくめん）図鑑
背側（せがわ）だけじゃ半分しか知らない！

01 ノコギリクワガタ♀
02 ノコギリクワガタ中歯型♂
腹面は光沢があり、脚は赤褐色で、強く点刻される

03 ミヤマクワガタ♀
04 ミヤマクワガタエゾ型♂
腿節下面に黄色紋をもつ

05 ヒメオオクワガタ中歯型♂
06 ヒメオオクワガタ♀
脚は黒色で長い

07 アカアシクワガタ中歯型♂
08 アカアシクワガタ♀
後胸腹板と腿節下面は赤色

09 オオクワガタ大歯型♂
10 オオクワガタ♀
脚は黒色で短く、腿節下面の点刻は弱い

11 コクワガタ大歯型♂
12 コクワガタ♀
脚は黒色で短い

13 マダラクワガタ♂
14 マダラクワガタ♀
脚は褐色で短く、下面に短くかたい毛をもつ

15 マグソクワガタ♂
16 マグソクワガタ♀
脚は褐色で長く、下面に長く柔らかい毛をもつ

17 スジクワガタ大歯型♂
18 スジクワガタ♀
脚は黒色で短い

19 オニクワガタ大歯型♂
20 オニクワガタ♀
脚は黒色〜暗褐色でやや細い

21 ツヤハダクワガタ大歯型♂
22 ツヤハダクワガタ♀
脚は黒色で、腿節下面に列状に毛をもつ

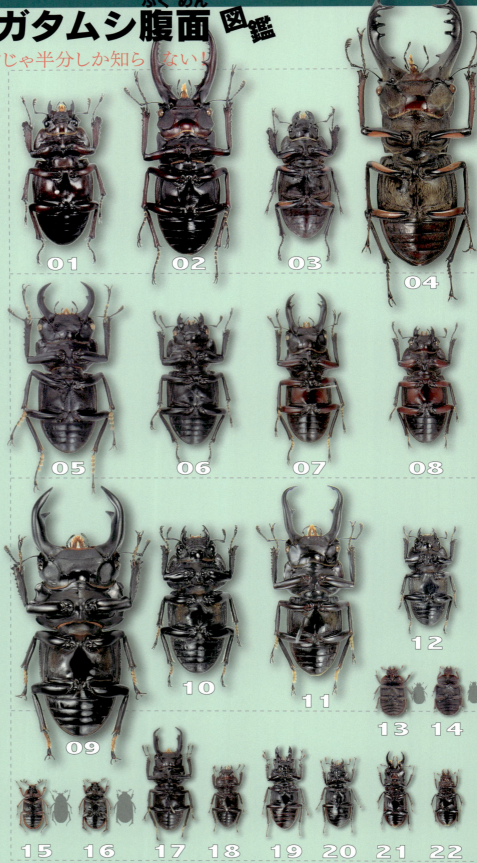

数多くの昆虫が生息する自然の博物館。

林で探そう。

part two

- カブトムシ
- ●ジョウザンミドリシジミ
- ●オオミズアオ
- ●ミヤマハンミョウ
- ●ベニシタバ
- ●オオルリオサムシ
- ●イカリモンガ
- ●オトシブミ
- ●ヨツボシモンシデムシ
- ●エサキキンヘリタマムシ
- ●オオキノコムシ
- ●オオセンチコガネ
- ●アイヌヨモギハムシ
- ●アオカナブン
- ●オオゾウムシ
- ●ヨツスジハナカミキリ
- ●サッポロフキバッタ
- ●ルリボシカミキリ
- ●シラキトビナナフシ
- ●ヒゲナガカミキリ
- ●ベニスズメ
- ●ホソコバネカミキリ
- ●スギタニキリガ
- ●エゾハルゼミ
- ●エゾオオマルハナバチ
- ●オオムラサキ

森で探そう

元々は北海道にいなかった甲虫

カブトムシ
Trypoxylus dichotomus septentrionalis

コガネムシ科　Scarabaeidae

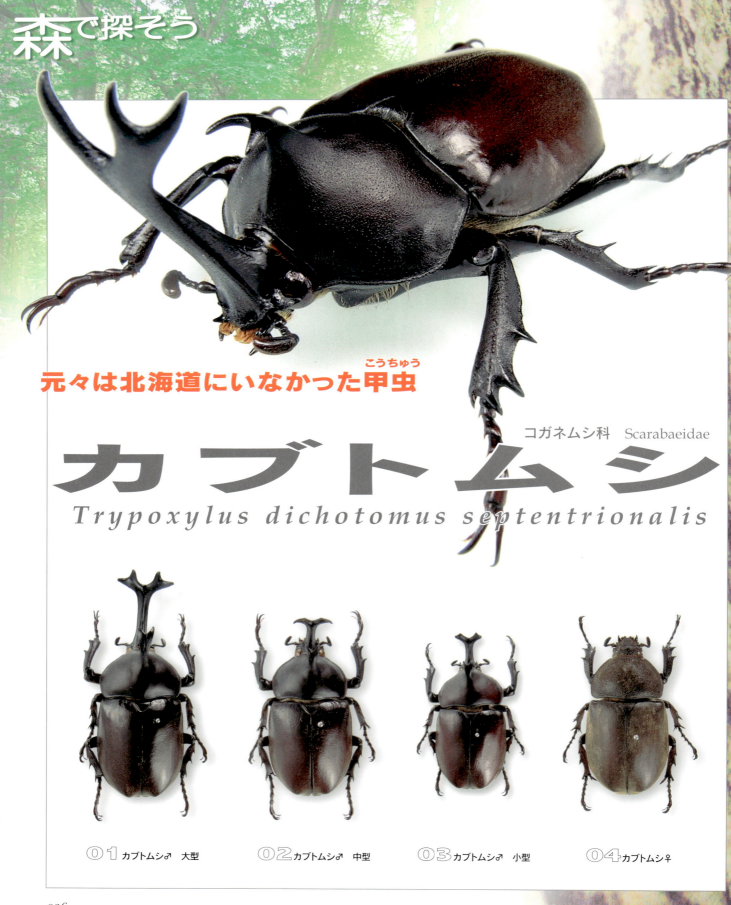

01 カブトムシ♂ 大型　　02 カブトムシ♂ 中型　　03 カブトムシ♂ 小型　　04 カブトムシ♀

体長	分布	季節	1	2	3	4	5	6	7	8	9	10	11	12	食物
♂39～65mm(ツノを含む)、♀33～45mm	北海道全域									8	9				幼虫:腐葉土、成虫:樹液

北海道にとっては外来種の大型甲虫

　日本を代表する大型甲虫であるが、北海道にはもともと自然状態では分布していない昆虫である。近年、道内各地で定着してきているが、過去に放された個体が定着したもので国内外来種である。

　オスは頭部と前胸背板に大きな股状のツノをもっており、光沢がある。オスは赤褐色から黒褐色をしており、メスでは暗色の個体が多い。メスは全身が細かい点刻と毛におおわれ、光沢はにぶい。

　もともと暖かい地域に暮らす種であるにもかかわらず、道東や道北などの、道内でも非常に寒い地方で多くの個体が発生している。これは、酪農やキノコ栽培に伴う堆肥や使用済みのオガクズが発生源となっているからだ。それらは冬場でも発酵していてホカホカと温かく、幼虫の成育に非常に良い状態をつくっている。近年、札幌などの都市部周辺でも毎年姿を見かけるようになり、本種が定着してきているようだ。酪農や林業が行われておらず人工的な発生源が無い都市周辺の環境で継続的に発生していることから、北海道でも腐葉土や朽ち木の下などの自然状態で越冬するようになってきている。飼育してみると通常は1年で成虫になるが、餌や温度などの条件が悪いと2年以上かかることもある。幼虫は3齢で終齢となり、十分成長した幼虫は円筒形の蛹室を作って、そこで前蛹となる。その後、数日じっと動かなくなって、脱皮して蛹となる。オスの蛹の蛹室はツノが伸びる空間を確保するためにメスよりも深く作る。蛹になって約1ヵ月で目が黒くなると、間もなく羽化する。羽化した成虫は、体が硬くなるまでしばらく蛹室にとどまる。

　成虫はミズナラやハルニレなどの樹液に集まり、体が大きく力も強いため樹液をほかの昆虫を追い払って独占する姿も見られる。一般に、大型のクワガタムシ類よりも発生期が遅く、8月中旬から9月ごろに数が多くなる。カブトムシを採集するには、灯火によく飛来する種なので、数が多くなるお盆過ぎくらいに、外灯回りをして灯火に飛来した個体を探すのが良い。普段から、外灯の下などをよくみておくと、カブトムシやクワガタムシの集まる外灯の周りには、カラスやキツネによって食べられた残骸が落ちている。そんな外灯をいくつか押さえておくと効率良く外灯回りをすることができる。

One Point Advice

◆もう1種のカブトムシ

あまり知られていないが、北海道には昔からすんでいる2㌢ほどの小さなカブトムシがもう1種いる。コカブトムシという名前で、カブトムシのような大きなツノは持っていないが、オスは前胸背の前の方が大きくえぐれ、頭にかわいい小さなツノをもっている。そんな姿とは対照的に、ほかの昆虫と一緒にすると、同じ容器に入れた虫を襲って食べてしまったりする。北海道では比較的珍しい種で大きな立ち枯れやウロで見つかる。また、数は少ないが灯火にも飛来する。

コカブトムシ
その姿に似合わず
意外とどう猛な北海道産の
カブトムシ

①こけむした樹皮にとまるカブトムシのメス
②ハルニレの樹液に来たカブトムシのオス

体長	分布	季節	1	2	3	4	5	6	7	8	9	10	11	12	食物
14〜18mm	北海道全域、利尻島、礼文島、奥尻島						5	6	7	8					小昆虫

道案内してくれる?

　北海道の野山で最もよく見かける種がミヤマハンミョウ（01）で、海岸近くの荒れ地から大雪山の高山帯まで見られる。背面は、灰褐色に白い模様を持つのが一般的だが、時に緑がかった色彩の個体も出る。生息環境は明るい裸地で、土でできた登山道や林道、崩壊地や土場跡などでよく見かける。近づくと、パッと飛び10㍍くらい先に着地して、また近づくと同じように遠ざかる。林道などでその動きを見ていると、まるで道案内をしているように見えるため、ハンミョウの仲間は"ミチオシエ"の別名をもつ。

　成虫は地表を動き回り、他の昆虫を捕らえ食べる。注意して探すと、オスがメスを大アゴで挟んで交接しているペアも見つかる。幼虫は地中に穴を掘って暮らし、頭部は平らで、穴の入り口直径と同じ大きさで、穴を頭でふたをすることができるようになっている。穴の周囲を通るアリなどの小昆虫を食べて育つ。

　ミヤマハンミョウを探すには、夏に山地の林道や登山道など地面が露出している明るい場所を歩き回って、飛ぶ個体を探すのが近道。1匹見つけたら周りにもっといるはずなので、慎重に地面を注意しながら歩き回り、比較的飛ぶ距離の短い個体に狙いを定めて、そっと近づき、柄を伸ばした捕虫網でかぶせて捕らえる。網をかぶせたら、網の底を持ち上げるのがコツ。そうすると上に登ってきて捕まえやすくなる。時に、網の枠と地面のすき間から逃げることもあるので、素早く回収することを心がけよう。

北海道のハンミョウ

　春一番早くから活動するのは、コニワハンミョウ（02）とアイヌハンミョウ（07）の2種。アイヌハンミョウは近年、護岸や河川改修などの影響で減少し、生息地は限られている。その後、ニワハンミョウ（05）とエリザハンミョウ（別名ヒメハンミョウ）（04）が出る。エリザハンミョウは、池の周りや海岸などに生息し、海岸に生息する本種は幅広くやや大型で、上翅の帯も太く海浜型

ハンミョウ類の幼虫は地中に穴を掘って暮らしている
頭部は穴の入り口の直径とほぼ同じ大きさ

と呼ばれている。ホソハンミョウ（03）は、小型で細い体型のハンミョウで飛ばずに走って逃げる。荒れ地に生息し、オオクロアリと混生していてまぎらわしいことがある。8月に入ってから見られるのが、石狩低

大アゴでメスの腹部を挟み、交接するホソハンミョウのペア

帯の海浜植生の残る砂丘に、局所的に生き残るカワラハンミョウ（06）。このハンミョウは砂の色により体色が違っていて、白い砂の本州の鳥取砂丘の個体群は非常に白っぽく、北海道の個体は黒っぽい色をしている。

アゴの形の違い
ニワハンミョウのオス（上）は大アゴの先がとがり、アイヌハンミョウのオス（下）では先がへら状になっている。

背景の砂に溶け込むカワラハンミョウ♀

One Point Advice

◆幻のハンミョウとは??
北海道から採集記録のあるものに、マガタマハンミョウというのがいる。このハンミョウは過去に道南の駒ケ岳と支笏湖で得られた2匹の記録があるだけの幻のハンミョウだ!!

森で探そう

北海道でしか見られない歩く宝石

オオルリオサムシ（札幌市、標準型）

Carabus (Acoptolabrus) gehinii

オサムシ科　Carabidae

オオルリオサムシ

カタツムリをさがして歩きまわるオオルリオサムシ（浜益型）

洞爺湖中島のオオルリオサムシ（ニセコ型）

高嶺の花のオオルリオサムシ（乙部岳）

体長	分布	季節	1 2 3 4 5 6 7 8 9 10 11 12	食物
22～38mm	北海道全域、利尻島、礼文島、天売島		5 6 7 8 9	カタツムリ他

飛べないため多くの亜種に分かれる。

　オオルリオサムシは世界中探しても、北海道、利尻島、礼文島、天売島でしか確認されていない、生粋の北海道特産種の昆虫だ。後翅が退化し、上翅はくっついて開けなくなっていて、まるで甲羅のよう。飛べないため、川や高い山などの障害物を越えられず、地域によって色や形が異なっていて多くの亜種に分けられている。黒松内低地帯より南側の渡島半島に分布するものは、オシマルリオサムシという別種として分けられる説もある。昔から愛好者が多く、人気が高いあこがれの甲虫。

　小学生のころ、初めてこの美しいオサムシのことを知り、夏休みに紙コップと糖蜜を持ってPT（ピットフォールトラップ）を近所の森に初めてかけたが、オオルリオサムシは採れなかった。今思えば、オオルリオサムシの活動していない時期に、PTをしかけたので入るはずがないのであるが、セットした夜は、もしたくさん入ったらどうしようとドキドキしてすごしたものである。

　幼虫、成虫ともにカタツムリを好んで食べるため、カタツムリの多い環境が狙い目。成虫が活動する季節は、年や地域によって異なってくる。札幌近郊だと、5月の連休あたりから動きはじめるが、よく動くのは5月中旬から6月上旬で、7月に入ると全く動かなくなり、秋に少しだけ活動する。山地のやや高い場所、ニセコや積丹半島周辺、道北地方などでは夏でも活動している。

　このオサムシを、野山を歩きまわって見つけようとしても、なかなか野外で活動している姿を見るのは難しい。では、どうやって採ればよいか？　一つはPTをかけることである。時期とポイントを選べば採るのはそんなに難しくない。PTで採るには設置と回収で時間をおいて2度同じ場所に行かねばならないので大変だという方には、側溝採集がおすすめだ。これは道路わきにあるU字溝と呼ばれる側溝を見て歩くという採集である。これにもコツがあり、まずは側溝のある周りの環境。オサムシの生息していそうな自然林の縁にある側溝がよい。新しい側溝ほどよく入る。道路工事が終わり、側溝が埋設された直後だと多数のオサムシが入る。オサムシは、間違って側溝に落ちるというよりは、側溝の中に入ってくるミミズやカタツムリなどの餌を求めて積極的に入っているようである。実際に観察していると、側溝への出入りは自由にしているのを見ることができる。ただし、脚の爪が欠けると出られなくなってしまうこともある。よくオサムシが採れる側溝を見つけたら、側溝が古くなると虫が採れなくなるので、中のゴミや泥を掃除するようにする。昼間は、側溝の中にたまった落ち葉などの下に隠れていることが多いので、側溝の中は、所々に少しだけ隠れる落ち葉などがある場所が理想的。

①コケの上を歩くアイヌキンオサムシ（根室）
②カタツムリを食べるエゾマイマイカブリ

One Point Advice

◆採集のコツは"生息環境"
美しい宝石のようなオオルリオサムシを採るためには、生息環境の見極めが重要。餌となるカタツムリが多いところを探す。林床にマイヅルソウ、フキ、シダ、カヤツリグサなどが生えている場所が狙い目。春先は、植物の生育に合わせて、雪解け直後は林の外、草が伸びたら林内というように季節によって設置場所を変える。達人になると、オサムシが歩く道が見えるようになるとか？

ボクを食べに来るらしいヨ。

昆虫ファンにとって、こんな深い森で見つけたオサムシは、宝石以上に輝いて見える

オオルリオサムシ VS アイヌキンオサムシ

両種の変異とすみ分けを大紹介！

- オォ……オオルリオサムシ
- オシ……オシマルリオサムシ
- アィ……アイヌキンオサムシ

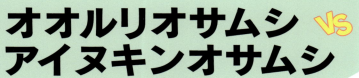

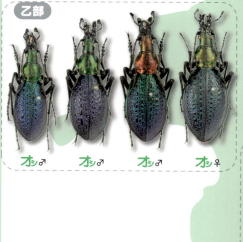

北東

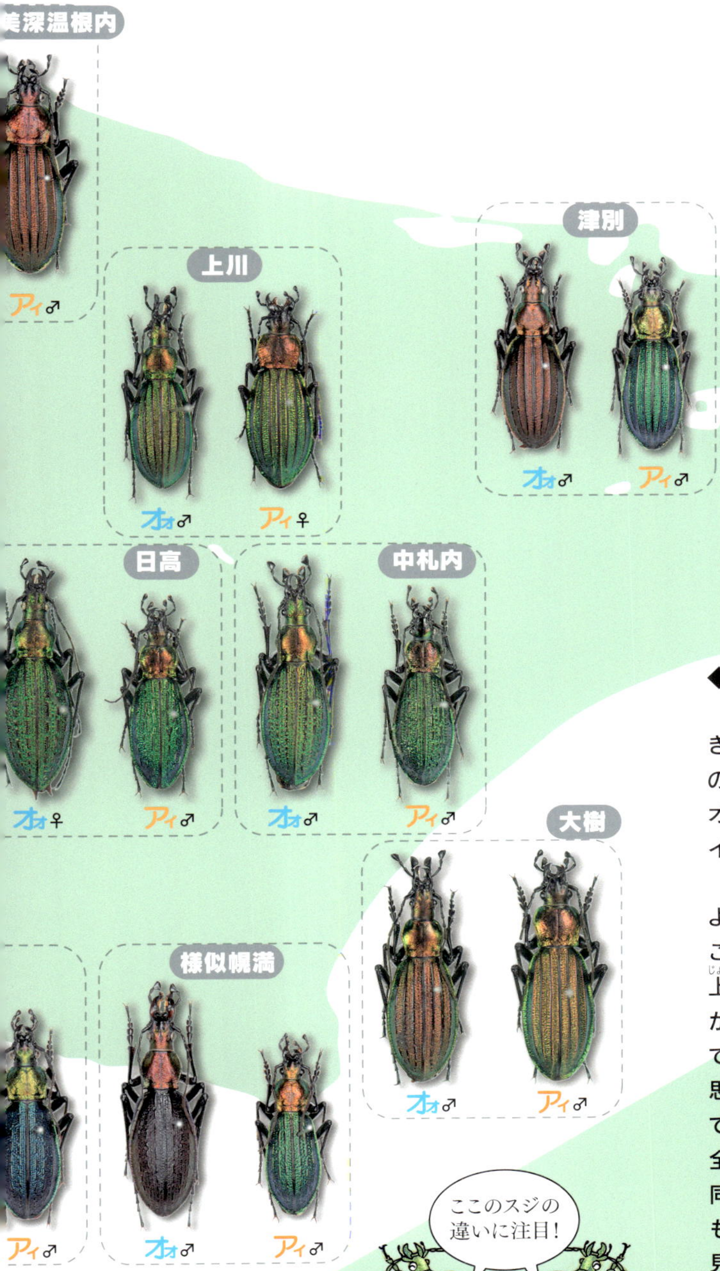

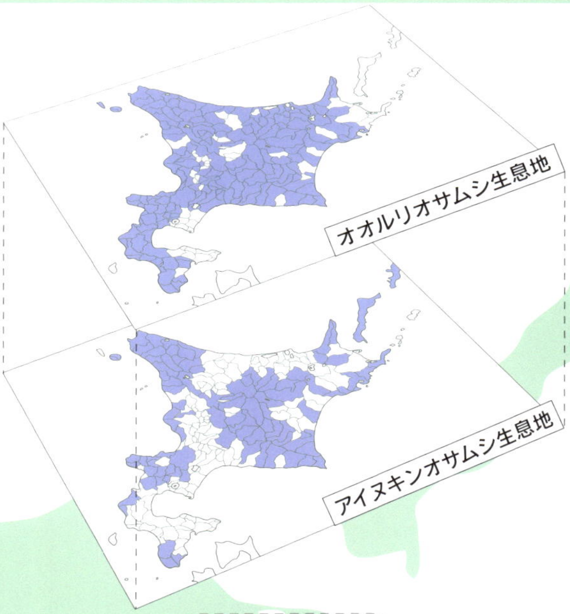

森で探そう

オオルリオサムシ生息地

アイヌキンオサムシ生息地

美深温根内
アイ♂

上川
オオ♂　アイ♀

津別
オオ♂　アイ♂

根室
アイ♂　アイ♀

日高
オオ♀　アイ♂

中札内
オオ♂　アイ♂

大樹
オオ♂　アイ♂

様似幌満
アイ♂　オオ♂　アイ♂

ここのスジの違いに注目！

条線（上ハネのスジ）は、南西部では途切れ、北東部に行くほど途切れずにつながる傾向がある。

◆"オオルリオサムシ"と"アイヌキンオサムシ"の不思議

　オオルリオサムシとアイヌキンオサムシは、北海道でしか見ることのできない美しいオサムシという共通点の他に、いろいろ面白い関係がある。この2種は、微妙に分布が重なったり異なっていたりしている（上図参考）。オオルリオサムシ（オシマルリオサムシを含む）の方がより分布が広く、アイヌキンオサムシはもっと分布が局地的で、より寒い地方に生息地が多い。

　両種とも青や赤、緑などの美しい金属光沢をしていて、しかも地域によって、その形や背中の条線が違っていて、多くの亜種に分かれている。この2種はなぜか背面の形状は同じ傾向の変化を示し、道北や道東では上翅の条線が途切れずに線となってつながるが、南西部へ向かうにしたがって条線が途切れるようになってくる。最南端の産地である大千軒岳では、条線が途切れて上翅全体がコブの集まりのようになっている。不思議なのは、属が異なっているにもかかわらず、この2種は地域によってすごく似た色彩や形態になって収斂していると思われる場所もあれば、全く違った大きさや色彩の地域もある。石狩市浜益区や上川管内美深町、同管内音威子府村などの個体群は色も大きさも同じくらいで、色彩的にもとても似通っているため、慣れないと間違えやすい。これらの産地を見ると他人の空似などではなく、何か意味があって似ているに違いないと思ってしまう。主な産地のオオルリオサムシ（オシマルリオサムシを含む）とアイヌキンオサムシを産地ごとに写真で紹介しておくので、ぜひじっくりと見比べてみていただきたい。

　日本で一番きれいだと思うのは、野外の太陽光の下で見る、濡れたニセコ山塊の青〜青緑色のオオルリオサムシで、その透明感のある微妙な色彩は一度見ると忘れられない。

オサムシ

道内で採(と)れるオサムシ全種を一挙紹介(いっきょしょうかい)!

北海道のオサムシ図鑑

01 アオカタビロオサムシ♂
02 アオカタビロオサムシ♀
樹上性でガの幼虫を捕食し、飛ぶことができる。道内各地で見られるが、年によって増減する

03 クロカタビロオサムシ♂
04 クロカタビロオサムシ♀
樹上性でガの幼虫を捕食し、飛ぶことができる。北海道では南西部を中心に分布

05 エゾカタビロオサムシ♂
06 エゾカタビロオサムシ♀
地表でガの幼虫を捕食している。灯火によく飛来する

07 ミヤマカタビロオサムシ♂(偶産?)
知床半島の硫黄山で過去に1例だけ記録されている、幻のオサムシ

08 セダカオサムシ♂
09 セダカオサムシ♀
小型で、カタツムリを捕食する

10 キタクロオサムシ♂
11 キタクロオサムシ♀
主に日高山脈の西側に分布するが、十勝と知床半島の羅臼に隔離分布している

12 コブスジアカガネオサムシ♂*
13 コブスジアカガネオサムシ♂*
14 コブスジアカガネオサムシ♂*
15 コブスジアカガネオサムシ♀*
さまざまな色彩変異があり、道東・道北で個体数が多い

16 エゾアカガネオサムシ♂
17 エゾアカガネオサムシ♀
森林と湿地の2つの環境に生息するオサムシ。湿地の個体はやや小型のものが多い

18 アオオサムシ♂(移入)
19 アオオサムシ♀(移入)
道内では函館周辺と美唄で確認されている

20 エゾマイマイカブリ♂
21 エゾマイマイカブリ♀
成虫・幼虫ともにカタツムリを好んで食べる。胸の色は赤系と緑系のものがある。地域によって大きさが変わる

01
02
03
04
05
06
(中国産)
07
08
09
10
11
12
13
14
15
16

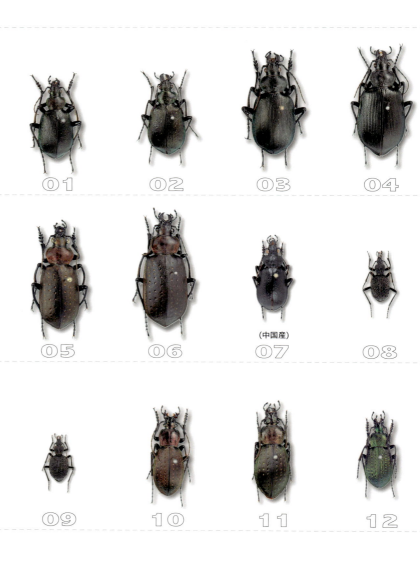

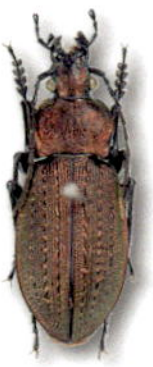

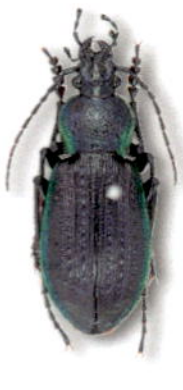

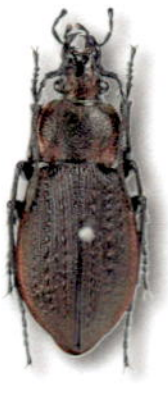

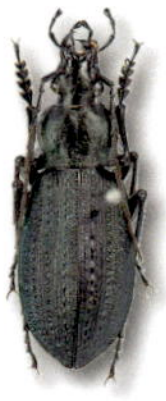

森で探そう

22 オオルリオサムシ♂*
世界に誇れる北海道特産のオサムシ。色や形が地域によって変わってくる

23 オシマルリオサムシ♀*
オオルリオサムシと同種とする説もある。渡島半島の日本海側を中心に分布している

24 アイヌキンオサムシ♂*
オオルリオサムシよりも寒い地方に多い。成虫は夏から秋にかけて多くなる

25 セスジアカガネオサムシ♂*
26 セスジアカガネオサムシ♂*
27 セスジアカガネオサムシ♀*
湿地に生息するオサムシ。近年、大雪山の上の湿原から新しい亜種が発見された

28 セアカオサムシ♂
29 セアカオサムシ♀
草原や荒れ地など明るい環境に生息するオサムシ。離島にも生息している

30 リシリノマックレイセアカオサムシ♂*
近年、利尻島の高山帯から発見された種。生息地は特別保護地区で、採集する際は許可が必要

31 エゾクロナガオサムシ♂
32 エゾクロナガオサムシ♀
成虫は夏に数が多くなる。北海道には4亜種が分布

33 チシマオサムシ♂*
34 チシマオサムシ♀*
亜高山帯や永久凍土があるような寒い場所に局地的に分布。知床で発見された、ラウスオサムシという亜種が道内で最も分布が広い

35 ヒメクロオサムシ♂
36 ヒメクロオサムシ♀
北海道の亜高山帯で最も数の多いオサムシの一つ

以上の19種を数えることができる。偶産と考えられる知床半島で記録されたミヤマカタビロオサムシと移入種のアオオサムシを除き、亜種を考えずに種としてカウントしてみると17種が元々北海道に生息している種数ということになる。和名の後に、*印の付いている種は、国内では北海道でしか見られないオサムシ

045

森で探そう

木の葉の造形師
Apoderus jekelii
オトシブミ
オトシブミ科 Attelabidae

01 オトシブミ標準型　02 オトシブミ黒色型　03 ヒゲナガオトシブミ　04 ナラルリオトシブミ　05 ゴマダラオトシブミ　06 ヒメゴマダラオトシブミ

07 オオコブオトシブミ　08 ドロハマキチョッキリ　09 イタヤハマキチョッキリ　10 サメハダチョッキリ　11 ハラダチョッキリ

体長	分布	季節	1 2 3 4 5 6 7 8 9 10 11 12	食物
7〜9mm	北海道全域		5 6 7 8	シラカンバ、ハンノキ

首が伸びるか？ 口が伸びるか？

「ホトトギスの落とし文」という言葉がある。昔の人は、ホトトギスという鳥が渡ってくるころに地面に落ちている、青葉をクルクルッと巻いた小さな巻物（オトシブミの揺籃）を天から降ってくる小さな手紙に例えたのだ。

オトシブミという種は、体全体が黒一色で上翅だけが赤い（01）。まれに上翅を含め全身真っ黒の個体が現れる（02）。若葉が伸びるころ、シラカンバやハンノキに集まる。メスは、まず最初に葉の付け根をかじって傷を付け、葉に両側から切れ込みを入れる。先端を少し巻いてから、そこに大き

①オトシブミの揺籃

な卵を1個産みつけ、ていねいに時間をかけながら、最後まで巻きあげ、完成したら地面に揺籃（写真①）を切り落とす。ふ化した幼虫は、住居兼食料の揺籃の内側を食べて育ち、揺籃の中で蛹化、羽化後に揺籃の横に丸い穴を開けて新成虫として出てくる。初夏の新緑のころ、シラカンバやハンノキの枝を見回して、しおれている葉があれば作業中のオトシブミが見つかるはずだ。また、公園や街路樹などのシラカンバの根元を見て歩くと切り落とした揺籃が見つかる。もし、それを羽化させたいときは、持ち帰って容器に土を入れて、乾燥しないようにしておくだけで、新成虫が横に丸い穴を開けて出てくる。地面に落ちるタイプの揺籃は、多少カビたりしても育つ。たった1枚の葉を巻いた揺籃の内側

の葉を食べるだけで、幼虫がちゃんと成虫まで育つ不思議な昆虫だ。オトシブミには、少ない資源から効率良く栄養を摂取する秘密があるに違いない。

オトシブミの仲間は、付け根がくびれた首をもつことによって頭を自由に動かすことができる。口と脚をうまく使って葉を折りたたみながら揺籃をつくる。巻いた揺籃を地面に落とす種類と枝にそのままつけておく種類がいる。地面に落とすのは、前出のオトシブミのほか、キタコブシを巻くヒゲナガオトシブミ（03）、ミズナラの葉の縁を小さく切り取って数ミリの揺籃を作るナラルリオトシブミ（04）、同じようにオオイタドリの縁を巻くルリオトシブミなどがいる。一方、落とさずにぶら下げておくタイプにクリやミズナラを巻くゴマダラオトシブミ（05）、エゾエノキやハルニレを巻くヒメゴマダラオトシブミ（06）、エゾイラクサを巻くオオコブオトシブミ（07）などがいる。

オトシブミの近縁にチョッキリというグループがある。こちらは首ではなく、吻のほうが長くのびている。ヤナギ類やオニシモツケなどに全身緑色に輝くドロハマキチョッキリ（08）が、カエデやモミジには、背面が赤緑に輝き、腹面が藍色〜紫色の暗色をしたイタヤハマキチョッキリ（09）が見られる。ドロノキには、脚に赤味があって表面がザラザラした感じのサメハダチョッキリ（10）がいる。グミの花が終わるころ、紺色でやや毛深いグミチョッキリ（写真②）を見つけることができる。農薬のかかっていない放置されたナシの木には、紫色が美しいモモチョッキリ（写真④）が集まる。ミズナラやヤナギにはヤナギルリチョッキリ（写真③）が、トドマツには吻の長いハラダチョッキリ（11）がいる。チョッキリ類は、数枚の葉をしおれさせて葉巻のように束ねた形の、オトシブミよりも雑な揺籃を作る種が多く、揺籃をつくらない種もいる。

One Point Advice

◆働かずに子を育てるちょっとずるいヤツ？ チョッキリの仲間に、ヤドカリチョッキリというちょっと変わった生態の種類がいる。この種は、ハマキチョッキリ類などが揺籃をつくっている最中にちゃっかりと卵を産み付けて、自分では揺籃をつくらず他人の一生懸命つくった揺籃に便乗して、子どもの面倒を見てもらうのだ。

ヤドカリチョッキリ

②グミチョッキリ

③ヤナギルリチョッキリ

④モモチョッキリ

体長	分布	季節	1	2	3	4	5	6	7	8	9	10	11	12	食物
9〜15mm	北海道全域							●	●	●					ヤナギ類の木

効果的な採集法で身近になった森の宝石

　エサキキンヘリタマムシの体の表面は、全体が緑色に輝き美しい（01）。上翅は、金属光沢のある緑色の個体と橙黄色の個体がいる。通常はヤナギの衰弱した木の幹を歩いている姿を見かけることが多い。成虫はヤナギの葉を端から、うなずくように頭を動かしながらえぐりとるように後食する。以前は、なかなか採集するのが難しかったが、近年この仲間に緑色の網に誘引されることが分かり、道具さえ準備しておけば簡単に採れるようになった。採集方法は、気温の高い晴れた日中に、ヤナギやハルニレの木の近くで、長いさおの先に緑のネットを取り付けて伸ばして立てておくだけである。そのネットの色に反応したオスが飛来し、ネットの外に止まってしがみ付くので、後はネットを下ろして採集する。網に止まった個体は、恍惚状態で多少揺らしたくらいでは逃げることはない。海岸のカシワ林などで同じように緑ネットを立てておくと、クロホシタマムシ（02、写真①）が集まってくる。

　ハルニレの新しい材に集まるキンヘリタマムシ（03）は、やや小型だが、やはり緑色に赤い色のふちどりがあって美しい。やはり、気温の高い日中に飛んできて、近づくとピュンと飛んで逃げてしまう。アカエゾマツやトドマツの針葉樹には、クロタマムシ（04）やカクムネムツボシタマムシ（05）が集まる。近年は、山に針葉樹の土場が夏の間積みっぱなしにされることが少なくなり、針葉樹に集まるタマムシやカミキリムシを採るチャンスが少なくなってきている。

　タマムシは中・大型のキラキラと輝く種類だけでなく、小型でしぶい色彩の種類の方が多い。春先にはタンポポの花に、黒っぽいクロヒメヒラタタマムシ（写真②）が集まる。夏になると多くの種類が活動を始め、ヤナギ類の葉には、ヤナギナガタマムシやアムールナガタマムシ（06）、ヤナギチビタマムシ（写真③）、カラカネチビナカボソタマムシなどが集まる。ケヤマハンノキでは、スジバナガタマムシ、ルイスナカボソタマムシ、ヒロオビナガタマムシが採れる。ヤマナラシの衰弱した木の幹には、フライシャーナガタマムシ（07）やクロコモンタマムシ（08）が集まるが、長くはもたず数年で枯れて倒れてしまうことが多い。ナナカマドの葉をすくうとアカバナガタマムシ（09）という赤いナガタマムシが採れる。ヤチダモの衰弱した木の葉をすくうと、ニッポンカタスジナガタマムシという小型の種とアオナガタマムシ（10）という美しいナガタマムシが、運が良ければ採れる。ナガタマムシは衰弱した生木を食べる種が多く、材木から成虫が羽脱した穴は三角おむすびのような形をしているので、新しいその形の穴が開いている周囲で葉をスイーピングすると採れることが多い。

①カシワの衰弱木に飛んできたクロホシタマムシ

②タンポポの花に集まるクロヒメヒラタタマムシ

③ヤナギの葉を後食するヤナギチビタマムシ

タマムシのトラップ、「グリーンネット」。こうして緑色の網を立てておくだけで、森の宝石を手にすることが出来る。以前は、採集するのが難しい昆虫だったのだ。

One Point Advice

◆いつか出合いたい虫！
北海道には、エゾアオタマムシという世界的に有名な美しく珍しいタマムシがいる。しかし、ここ数十年、その生きた個体は採集されていない。盛夏に河原に横たわる太いドロノキの衰弱した木や倒木に集まる生態がロシアで確認された。いつかは、出合いたいタマムシだ！　見つけたら、そっと教えてね。

森で探そう

森の掃除屋

オオセンチコガネ

センチコガネ科　Geotrupidae　*Phelotrupes auratus*

①	②
③	④

①②③オオセンチコガネの豊富なカラーバリエーション
④センチコガネ。オオセンチコガネに比べるとコロコロした形をしている

体長	分布	季節	食物
14〜20mm	北海道西南部と道東	1 2 3 4 **5 6 7 8 9 10** 11 12	シカ糞、牛糞、馬糞

飛ばない道産子センチコガネ

01 オオセンチコガネ
02 オオセンチコガネ
03 センチコガネ
04 ムネアカセンチコガネ

　北海道にはオオセンチコガネ（01、02）とセンチコガネ（03）の2種類のセンチコガネが主に見られる。センチコガネの方は、北海道全域に森さえあれば広く分布するが、オオセンチコガネの分布は非常に局地的。この分布の違いはこの2種の食性の違いによると考えられる。センチコガネは雑食性で、動物のフンも食べるが、腐った肉やキノコなどいろいろなものを食料にすることができる。最近の研究で、北海道のセンチコガネは立派な後翅を持っているのに、飛ぶための筋肉が退化してしまっていて、飛ぶことができないことが分かってきた。あまり食べ物を選ばないので、歩き回る範囲で食べられるものは何でも食べて生き残ることができるようだ。一方、オオセンチコガネは、北海道ではエゾシカのフンに依存していて、網走、十勝、釧路、根室地方では広く低地から丘陵地にかけて生息している。日高山脈以西では、日高地方のほぼ全域と胆振地方の一部、そして渡島半島では山地に局地的に分布している。

　オオセンチコガネは5月上旬の連休くらいから、まだ明るい林道などをピカピカと輝きながら飛び回っているのを見ることができる。この時期のオオセンチコガネは、前年の秋に羽化したものが越冬したものでピカピカの金属光沢があって美しい。夏まで活動すると体がすり減り、黒っぽくなって光らなくなってしまう。新成虫はお盆過ぎくらいから9月にかけて出現し活動する。オオセンチコガネを探すコツは、分布している地域の採草地や空き地になっている草地で、エゾシカのフンを探すと、そのフンの下の地面に穴を掘って潜っていることが多い。エゾシカのフンがなかなか見つからないけれど生息している場所では、馬フンや牛フンを運んできて、やや明るい林床などに設置すると飛んでくる。できれば昼間の気温が20度くらいに上がる日が良く、そんな日は馬フンを運んでいるだけで周りをオオセンチコガネが飛び回ったりする。昼行性のため、夜間灯火に飛来したりはしない。

　オオセンチコガネとセンチコガネの2種は、きれいな方がオオセンチなのだが、すれた個体は慣れないと区別しづらい。体型はオオセンチではやや平たく、センチではより厚みがある。きちんと区別するときは、オオセンチでは頭楯が長く先の丸い三角状で、センチでは短く半円状。前胸背板の中央の縦線はオオセンチでは途切れずに長く、センチでは途中で不明瞭となる。

　センチコガネ類でもう1種、渡島半島南部にムネアカセンチコガネ（04、写真⑤）が生息している。ほかのセンチコガネと違い、フンには集まらずくわしい生態がよくわかっていない種類だ。芝地で発生するらしく、ゴルフ場などで使う芝をはいだときにその下から見つかった例がある。成虫は日没直後に芝地や牧場などで、地面近くをブンブンと羽音を立てて飛び回ることが知られている。また、灯火にも飛来する。

⑤灯火に飛んできたムネアカセンチコガネ

One Point Advice

◆北海道にフンコロガシはいるか？
残念ながら北海道にはフンを転がす糞虫は分布していない。しかし、オオセンチコガネはエゾシカの丸いフンを運ぶことが知られている。転がさずにどうやって運ぶのか？　前足で押さえながら、後ずさりするように引きずって運ぶのが観察されている。運んだフンは、子供の餌とするために土の中に埋められる。

森で探そう

緑色に輝く弾丸

アオカナブン
Rhomborrhina unicolor

コガネムシ科　Scarabaeidae

①イケマの花にきたトラハナムグリ

②ノラニンジンの花にとまるアオハナムグリ

③ミズナラの樹液に集まってきたアオカナブン。グリーン系が主体だが、赤や紫系の個体もいる

体長	分布	季節	1	2	3	4	5	6	7	8	9	10	11	12	食物
22～27mm	北海道全域、焼尻島、奥尻島									7	8					成虫：樹液、幼虫：腐葉土

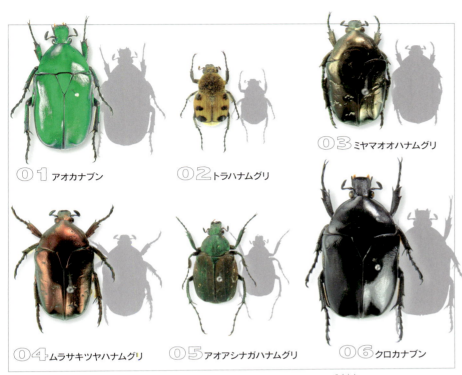

01 アオカナブン
02 トラハナムグリ
03 ミヤマオオハナムグリ
04 ムラサキツヤハナムグリ
05 アオアシナガハナムグリ
06 クロカナブン

アオカナブンを探すには、夏の晴れた暑い日に樹液を出すミズナラやハルニレの木を見回ると見つかる。樹液の出ている場所では、スズメバチやクワガタムシと押し合いながらも、しっかりと良い場所を確保している姿を確認することができる。樹液の出る木の周囲の空間をブーンと羽音をたてながら緑に輝きながら飛んでいる甲虫は、アオカナブンである。樹液のほか、発酵したパイナップルやバナナ、リンゴなどの果物にも誘引される。

全身真っ黒で光沢のあるクロカナブン（06）という種が本州以南で見られるが、実は北海道でも過去に函館市で採れた記録がある。もし、クロカナブンを見つけたらそれは北海道では非常に珍しい種類だから大切にしよう。

飛ぶことに進化した高速飛行甲虫

夏の森の樹液に集まる昆虫でひときわ目をひく甲虫が、アオカナブン（01）だ。全身緑色で表面にオレンジ色の光沢をもっていて美しい。体の色は変異があって、全身が真っ赤な個体や、暗い赤紫色の個体もまれに出現する。

アオカナブンを含め、ハナムグリの仲間は飛ぶときに、上翅を開かず、ちょっとだけ上にうかせてすき間を空けて横から大きな後翅を広げて飛び回る。昆虫の仲間では、4枚のハネで飛ぶよりも2枚のハネで飛ぶグループの方がより進化していて、飛ぶ能力が優れている場合が多い。

北海道で見られるハナムグリの仲間は、春に活動する小型のコアオハナムグリ（写真④）が見られ、通常は緑色だが、全体黒色のタイプも地域によって出現する。夏に入るとやや小型で緑色のハナムグリとアオハナムグリ（写真②）がでるが、両種はとても似ていて、背面と腹面がより毛深いのがハナムグリの方である。同じころ、セリの花などに黄色に黒紋をもつトラハナムグリ（02、写真①）の姿も目に付くようになる。中型のミヤマオオハナムグリ（03）、ムラサキツヤハナムグリ（04）も見られる。この両種もとても似ていて、道内では圧倒的にミヤマオオハナムグリの割合が高く、ムラサキツヤハナムグリはまれで、名前の通り紫色をしていて、上翅に馬蹄形の印刻をもっているのが特徴。ハナムグリの仲間は名前のとおり、セリ科などの白色系の花によく集まる。エゾニュウなどの花に集まるアオアシナガハナムグリ（05）はオスの後ろ脚が曲がっていて変わっている。

④フランスギクにとまるコアオハナムグリの黒色タイプ

One Point Advice

◆背中で歩く変な幼虫！？
カナブンやハナムグリの幼虫は、カブトムシの幼虫と同様に腐葉土に暮らしていて、形はよく似ている。しかし、地面に置いて観察してみるとその動きがかなり違う。カブトムシであれば、そのまま地面に潜ろうとするが、カナブンでは、普段はC字型をしている幼虫が、地面を移動するときは真っすぐになって、あおむけになり背面の毛を使ってモゾモゾと結構素早く背中で動き回るのだ。

体長	分布	季節	1	2	3	4	5	6	7	8	9	10	11	12	食物
16〜20mm(触角を含まない)	北海道全域、利尻島、奥尻島							6	7	8					幼虫：枯れた広葉樹.針葉樹

百花繚乱のカミキリムシたち

　黄色に黒いしま模様のカミキリムシで最もポピュラーなのが、ヨツスジハナカミキリ（01）。夏に、オオハナウドやノリウツギの花に集まっているのをよく見かける。同じような模様のカミキリにやや細身のヤツボシハナカミキリ（写真①）やタケウチホソハナカミキリ（写真②）などがいる。黄色と黒の虎模様は、ハチに似せて、外敵から身を守るのに役立つという説もある。

①ヤツボシハナカミキリ

②タケウチホソハナカミキリ

　春一番、真っ先に目につくのは、オオカメノキの白い花に集まるシロトラカミキリ（11）。山地では、雪解け直後のシラネアオイの花にトホシハナカミキリ（03）が集まる。場所によっては、タンポポの黄色い花にカラフトトホシハナカミキリ（04）が来る。この2種はよく似ているが脚が黒いのがトホシで、黄色と黒の2色なのがカラフトトホシである。
　夏になると一気にいろいろな花が咲き、カミキリムシの種類も増える。カミキリムシの集まる花の代表といえば、エゾニュウやオオハナウドなどのセリ科と木に巻きついているツルアジサイやイワガラミなどの白い花であろう。実に多くのカミキリムシが集まり、よく見られる種としては、ヨツスジハナカミキリ、ヤツボシハナカミキリ、モモブトハナカミキリ、クロハナカミキリ、クロサワヘリグロハナカミキリ（09）、エグリトラカミキリ（写真③）、キスジトラカミキリ、ミドリカミキリ、ツヤケシハナカミキリ、道東へ行くと、場所によってはカラフトヨツスジハナカミキリ（02）やムツボシアオコトラカミキリ（12）などの珍しい種も集まる。珍しいハナカミキリは日陰の花や夕方に採れる。クロサワヘリグロハナカミキリなどは、夕方活発に飛び回り、ツルアジサイや林床のオオハナウドなどに集まる。
　大雪山の山ろくなどの少し高い場所の

③エグリトラカミキリ

ヤマブキショウマやオニシモツケなどの花を探すと、クビボソハナカミキリ（写真④）、シララカハナカミキリ、ルリハナカミキリ（07）、キモンハナカミキリ（10）、エゾスミイロハナカミキリ（08）など北方系の種類が見られる。分布が限られている種では、幌加内町母子里や陸別町など寒い地域で見られる種にムツボシアオコトラカミキリ（12）とヨコグロハナカミキリ（05）がいる。知床半島の羅臼岳周辺には、大陸〜サハリンに分布しているキョクトウトラカミキリ（06）が生息している。海岸の流木で発生する、変わった生態をしているのはエトロフハナカミキリ（写真⑤）。海岸に咲くセリやハマナスの花に集まる。
　真夏をすぎたころになると、ノリウツギの

④クビボソハナカミキリ

⑤エトロフハナカミキリ

花が満開になる。この花は7月の中旬から白い飾り花が目立つようになってアピールするが、そのころ花はまだつぼみで、だまされた虫が少し来ているだけで虫の数は少ない。7月下旬〜8月上旬にかけて開花し、多くの昆虫が集まる。この花には、ヨツスジハナカミキリ、ヤツボシハナカミキリ、フタスジハナカミキリ、カラカネハナカミキリ、アカハナカミキリ、オオヨツスジハナカミキリなどが良く集まる。このノリウツギの花が終わると、カミキリムシのシーズンもそろそろ終わりとなる。

One Point Advice

◆花の上のちょっと似たヤツ！
花に集まるカミキリムシを採っていると、これはカミキリムシ？と迷う甲虫が採れる。カミキリモドキとアオジョウカイなどのジョウカイボンの仲間だ。どちらの種も甲虫にしては柔らかいという特徴がある。慣れると、顔つきが違うので、顔を見ただけで区別できるようになるぞ。

森で探そう

ルリボシカミキリ
広葉樹に集まるカミキリムシたち
Rosalia batesi カミキリムシ科 Cerambycidae

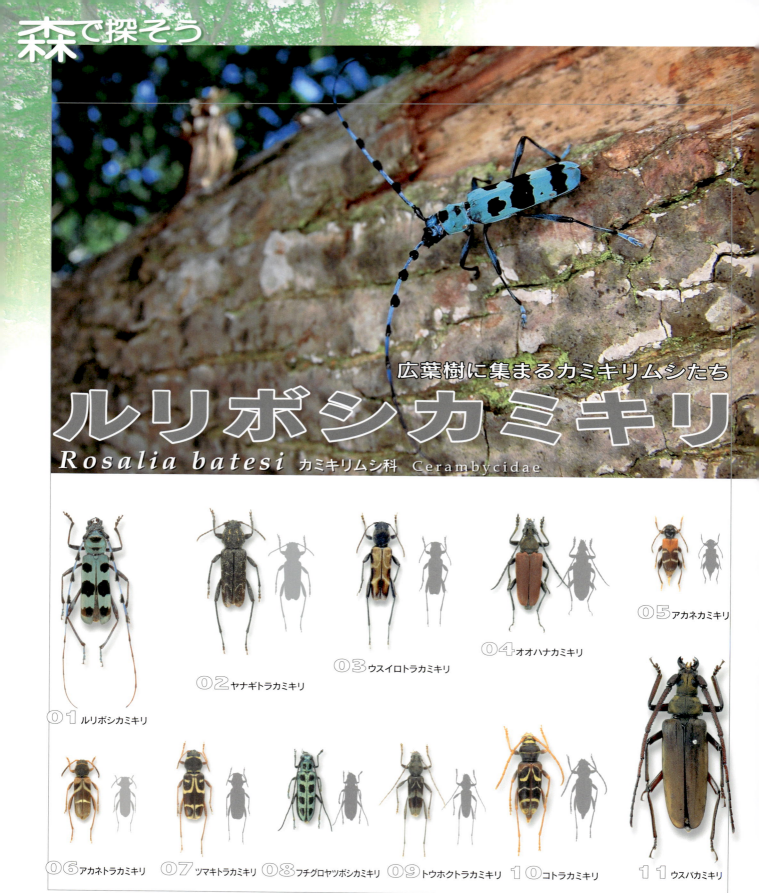

01 ルリボシカミキリ
02 ヤナギトラカミキリ
03 ウスイロトラカミキリ
04 オオハナカミキリ
05 アカネカミキリ
06 アカネトラカミキリ
07 ツマキトラカミキリ
08 フチグロヤツボシカミキリ
09 トウホクトラカミキリ
10 コトラカミキリ
11 ウスバカミキリ

体長	分布	季節	食物
15〜30mm（触角を含まない）	北海道全域、奥尻島	1 2 3 4 5 6 **7 8 9 10** 11 12	幼虫：枯れた広葉樹

深い森の中で見つける宝石

暗い森の中で、こけむした立ち枯れに木漏れ日が当たっているところに止まっているルリボシカミキリ（01）の美しさは格別である。日本で最もきれいなカミキリムシの一つ。

カミキリムシには、特定の樹種に集まる種類と、一定の条件さえ合っていれば広葉樹なら何でも良いとか針葉樹なら一通り集まるという種類がある。多くのカミキリムシは、幼虫が材木を食べて育つので、枯れ木に集まるカミキリムシというのは、産卵や交尾相手を探すために集まってくるのである。土場と呼ばれる、切った丸太を積んである場所がカミキリムシを探すポイントだ。積んである新しいまきにも集まる。大切なのは、自分が探したいカミキリムシがどんな種類の木に集まるのかを知っておくことと、そこに積んである材木の種類を見分けられることである。

材木の樹種別に集まるカミキリムシを紹介

- ヤナギ類：トホシカミキリ（夕方によく集まる）（写真①）、ヤナギトラカミキリ（02）
- ドロノキ、ヤマナラシ：ヤマナラシノモモブトカミキリ（写真②）
- ミズナラ：コトラカミキリ（10）、クロヒラタカミキリ、ムネアカトラカミキリ
- シナノキ：シナカミキリ（写真③）
- コブシ：フチグロヤツボシカミキリ（08）
- オニグルミ：オニグルミノキモンカミキリ、オオアオカミキリ
- シラカンバ：ツマキトラカミキリ（07）、ムネモンチャイロトラカミキリ、クワヤマトラカミキリ（後の2種は近年採れなくなってきている）
- ミズキ：クモノスモンサビカミキリ（枯れた細枝に付いているので、ビーティングが有効）
- サルナシ（コクワ）：ムネモンヤツボシカミキリ（写真④）
- ヤマブドウ：アカネカミキリ（05）、シロオビヒラタカミキリ、アカネトラカミキリ（06）、トウホクトラカミキリ（09）、ハセガワトラカミキリ（これらの種類は、材採集と言って、新しい枯れツルを冬〜春に持ち帰り、飼育ケースや衣装ケースに入れておいて、羽化してくるのを待つのが効率良い採集方法。種によって、好む環境やツルの太さや幼虫の食痕が違い、慣れると野外で種類の判別ができるようになる。ちなみに、トウホクトラカミキリは地面に近い太い枯れツルを好み、ハセガワトラカミキリは、鉛筆から指くらいの太さの空中に下がっている新しい枯れツルのしんの部分を食べている）
- 広葉樹全般：ハンノアオカミキリ（写真⑤）、ルリボシカミキリ、ウスイロトラカミキリ（03）、ウスバカミキリ（11）
- 広葉樹立ち枯れ：ホソコバネカミキリ、ハネビロハナカミキリ（写真⑥）、セアカハナカミキリ、オオハナカミキリ（04）など。

One Point Advice

◆ 小さなカミキリムシを採るには

小型のカミキリムシはなかなか見つけるのが難しい。そんなときに便利なのが、ビーティングネット。厚手の四角い布を広げた形の採集道具だ。細い枯れ枝やツルが重なり合っているのを見つけたら、これを下に入れて、棒でコンコンとたたくと、カミキリムシが落ちてくるぞ。明るい色の傘でも代用可能。

 ①トホシカミキリ
 ②ヤマナラシノモモブトカミキリ
 ③シナカミキリ
 ④ムネモンヤツボシカミキリ
 ⑤ハンノアオカミキリ
 ⑥ハネビロハナカミキリ

体長	分布	季節	1	2	3	4	5	6	7	8	9	10	11	12	食物
25〜45mm（触角を含まない）	北海道全域									●	●				幼虫：針葉樹

アカエゾマツを要チェック！

　8月に入って、プーンと松ヤニのにおいがただよう、トドマツやエゾマツの積んである土場に行くと、触角の長い大型のカミキリが見つかる。それがヒゲナガカミキリ（01、02）だ。オスの触角は体の3倍もあり、日本で最も触角の長いカミキリムシの一つである。メスの触角は体より少し長い程度。

　基本的に北海道の土場に針葉樹が積まれているときは、アカエゾマツ、エゾマツ、トドマツの順でカミキリムシが多く集まる。木材自体の発するにおいなどの揮発成分の違いと、一般に樹皮の表面にしわが多く、隠れる部分が多い樹種が好まれるようだ。何種類かの針葉樹が積まれている土場があるときは、アカエゾマツやエゾマツを丹念にチェックすることがポイント。

　最も早く針葉樹の材の上で活動を始めるのは道南であれば、スギやヒノキに集まるビャクシンカミキリ（08）とヒメスギカミキリ（09）である。雪がまだ残っているころから活動を開始する。札幌以北では、ルリヒラタカミキリ（10）が早い。この種は、体全体がルリ色の美しいカミキリムシで、緑色のタイプもある。大雪山の周辺では、同じころ上翅にしわのある珍しいミドリヒラタカミキリが活動する。6月の初夏に針葉樹の土場を見に行くと、触角が短く樹皮に色がそっくりの変わったカミキリムシが見つかる。ハイイロハナカミキリ（11、写真①）とエゾハイイロハナカミキリ（12）の2種だ。エゾハイイロハナカミキリは毛が白っぽく密に生え、全体に白っぽく見える。7月に入ると、針葉樹の土場もにぎやかになってくる。一番よく見つかるのは、トドマツカミキリ（13）だ。大きさや色彩に変異があって、黒いものから上翅が明るい茶色のものまでいろいろ。ツヤケシハナカミキリ（写真②）も黒と赤の2色の色違いがあるので注意。緑色のミドリカミキリ（写真③）もよく見つかる。上翅

①ハイイロハナカミキリ

②ツヤケシハナカミキリ

③ミドリカミキリ

が短いのは、シラホシヒゲナガコバネカミキリ（写真④）。触角が長いのは、小型のヒゲナガモモブトカミキリ、大型のシラフヨツボシヒゲナガカミキリ（05、06）、特大のヒゲナガカミキリあたりだ。運が良ければスズメバチにそっくりの珍品のオオトラカミキリ（07）も採れることもある。

　大雪山周辺など道東部では、そのほかに通称パキタと呼ばれるカタキカタビロハナカミキリなどが見られるが、土場の針葉樹に集まるのはほとんどがメス。オスは立ち枯れた針葉樹の樹冠の高い位置を飛ぶのでなかなか採集が難しい。土場ではほかに、キタクニハナカミキリ（14）やヒメシラフヒゲナガカミキリ（03、04）、カラフトモモブ

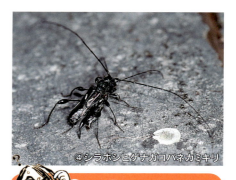
④シラホシヒゲナガコバネカミキリ

One Point Advice

◆木の幹についた不思議な渦

トドマツなどの針葉樹の幹に渦巻きのような不思議な溝が付けられていることがある（下）。これは、オオトラカミキリの幼虫がトドマツの生木を食べ、枝から侵入して幹をらせん状に食べて最後に渦巻き状に食痕をつけて、その中心部で蛹となった跡なんだ。新鮮な食痕は樹皮の下なので見えないが、何年かして樹皮がはげると目立つようになる。

トドマツの幹に不思議な渦巻きが！！

トカミキリなど北方系のカミキリムシを見ることができる。針葉樹の立ち枯れや衰弱木を見回ると、アラメハナカミキリ（15）やアオヒメスギカミキリ（16）なども見つかる。前者は、色も模様も針葉樹の樹皮そっくりで、よく目をこらして探さないと見落としてしまう。後者は、明るい太陽光の下では、キラキラと輝きながら立ち枯れを上り下りしているので、遠くからでも目に付く。遠くからみて、葉が少なかったり、黄色や茶色に変色している針葉樹があれば、衰弱していて、カミキリムシが集まっていることが多い。

森で探そう

カミキリムシ科　Cerambycidae

ハチに似たカミキリムシたち　*Necydalis pennata*

ホソコバネカミキリ

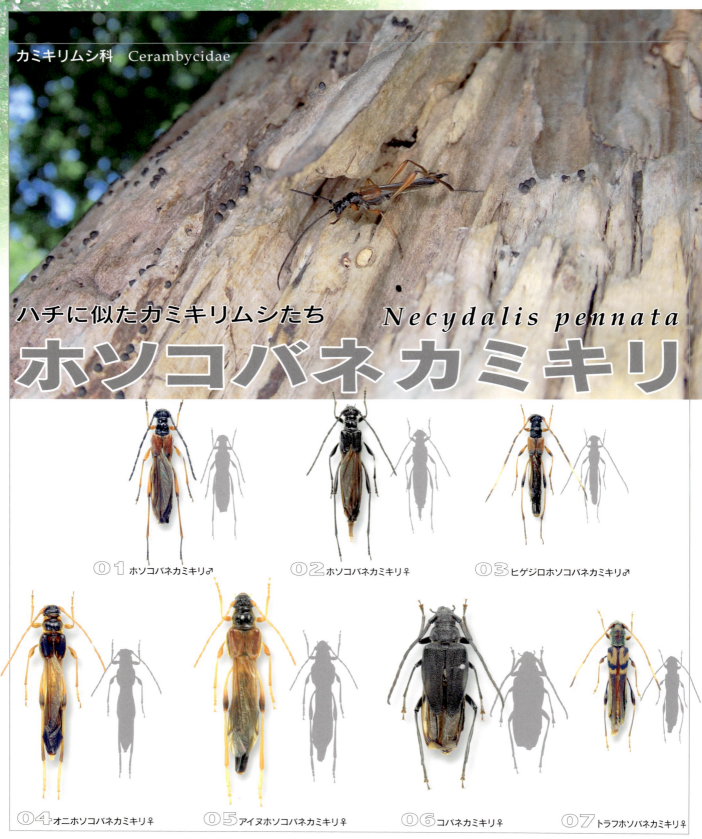

01 ホソコバネカミキリ♂
02 ホソコバネカミキリ♀
03 ヒゲジロホソコバネカミキリ♂
04 オニホソコバネカミキリ♀
05 アイヌホソコバネカミキリ♀
06 コバネカミキリ♀
07 トラフホソバネカミキリ♀

体長	分布	季節	1	2	3	4	5	6	7	8	9	10	11	12	食物
12〜20mm(触角を含まない)	北海道全域							6	7						幼虫：広葉樹の枯れ木

ハチ似のネキ（!?）は大人気

カミキリムシ愛好者の間では、属名のネキダリスを短縮した"ネキ"という愛称で呼ばれる、上翅が短いハチに似た人気のあるグループ。ホソコバネカミキリの仲間は、樹皮がはげ落ちた立ち枯れを好む。種類によって発生期や活動時間が異なるので注意。道内に生息するのは4種で、種類によって発生期や採れる場所が違ってくる。

ホソコバネカミキリ（01、02）が一番早く見られ、札幌近郊では6月下旬〜7月中旬に活動し、道北・道東などでは7月下旬に見られる。この種は立ち枯れの周囲や開けた空間を飛び回るほか、立ち枯れや倒木の樹皮のはげ落ちた部分をよく歩き回る。羽化した新成虫が発生木の周りの植物の葉裏によく止まっているので、地面ぎりぎりから高い位置まで発生木周囲の植物の葉の裏を見るのが有効。通称"ペンナータ"と呼ばれる、前ハネが赤茶色のタイプ（01）と"エベニナ"と呼ばれる前ハネの黒いタイプ（02）の2型がある。

ヒゲジロホソコバネカミキリ（03、写真①）は、7月下旬〜8月中旬にかけて見られる。札幌近郊で太い倒木や立ち枯れから発生し、発生木に集まる。体全体が黒色だが、触角の先端近くが白くなっているのが特徴。活動時間帯が早く、朝から飛び回ったり、倒木の上を歩き回っていたりする。オスは体が細く、ふわふわと飛び、ガガンボや細身のハチにそっくり。

オニホソコバネカミキリ（04）は、道内に広く分布するが、逆に採集することが難しいネキの一つ。7月下旬〜8月中旬にかけて発生し、完全に枯れた木よりも、イタヤカエデやアズキナシなどの生きている広葉樹の枯れた部分や洞になっている部分に集まることが多い。メスはそんな部位に産卵するようである。ノリウツギやエゾニュウなどに訪花した例も知られている。

アイヌホソコバネカミキリ（05）は、7月下旬〜8月中旬にかけて発生し、道北の樹皮のはげたダケカンバの弱った木や枯れ木に集まることが知られている。日本では、北海道でしか見ることのできない大型のネキで、シーズンになると有名産地の朱鞠内湖周辺には本州などから多くの採集者が訪れる。

ネキ以外の上翅が小さくなっているカミキリムシは、春先に花に集まるカエデヒゲナガコバネカミキリなどの小型のグループが何種か知られている。お盆ごろに出る、幅広いコバネカミキリ（06、写真②）も変わった形をしている。この種は古い倒木などに集まり、オスは黄土色の上翅をしていてなかなか採りづらい。オヒョウの立ち枯れに集まる、トラフホソバネカミキリ（07）などは、上翅が細くなっていて変わっている。この種は立ち枯れの他に、登山道や林道わきの樹木の葉にもよく止まっているので、スイーピングと言って、発生期に空間に突き出た木の葉を網ですくって歩くと採れることもある。

こんな倒木にヒゲジロホソコバネカミキリが集まっていた

①ヒゲジロホソコバネカミキリ

②コバネカミキリ♂

One Point Advice

◆カミキリムシにだまされるな！

オオトラカミキリ（P130、写真①）もスズメバチにソックリでよくだまされるが、「ネキ」と呼ばれるホソコバネカミキリの仲間は、姿形以上にある種のハチに動きが似ている。ネットに入ってからもブンブン飛び回ったり、手で捕まえると腹を曲げて指を刺すマネをしたりするので、だまされないようにしよう。肩の部分に小さな鞘翅が付いていたら、ネキだ！！

森で探そう エゾハルゼミ
Terpnosia nigricosta

セミ科　Cicadidae

ミョーキン、ミョーキン、ケ・ケ・ケケケ…。
初夏の訪れを伝える声

01 エゾハルゼミ♂
02 エゾハルゼミ♀
03 ニイニイゼミ♂
04 ミンミンゼミ♂
05 ツクツクボウシ♂

体長	分布	季節	1	2	3	4	5	6	7	8	9	10	11	12	食物
37〜45mm（翅端まで）	北海道全域						5	6	7						樹液

春の訪れを待って…

道内でもっともよく目につくセミは、春に出るエゾハルゼミ（01、02）と夏のコエゾゼミ（写真①）の2種だろう。エゾハルゼミは、5月の中ごろになり、天候に恵まれて気温が上がった日に突然ミョーキン、ミョーキン、ケ・ケ・ケケケと変わった声で鳴きだす。セミ自体は、5月上旬から羽化していることが多く、しばらく成虫でじっとしていて、気温の上がる日をひたすら待っているようだ。羽化は通常、日没後に行われ、地中から穴を開けて出てきた幼虫は、地面を歩き回り、木に登って垂直面かやや傾斜した幹や枝ではその下面で足の位置を固定して行われる。体を固定した幼虫を観察すると、まず背中が割れ、そこからうすい水色の上半身が現れる。体をエビ反らせて脚を出してしばらく静止する。そのとき、ハネは短いままだ。しばらくすると脚が固まり、今度は体を起こして幼虫時代の抜け殻につかまって、体を殻から抜き、垂直にぶら下がる。その後、ハネがスーっと伸びてくる。ハネが伸びた直後はまだ青白いが、しばらく時間がたつと固まり透明になる。こうして成虫のセミが誕生する。羽化の最盛期には、夜だけでなく日中でも羽化シーンを見ることができる。

②夏になると、全道で「ギー」と鳴くエゾゼミ

③北海道南西部を中心に「ジジジジジ…」と暑い日に鳴くアブラゼミ

子どものころ、夏になるとよく神社の境内に夕方エゾゼミ（写真②）やコエゾゼミの幼虫を探しに行ったものだ。雨降りの続いた後の晴れの日が最高の条件となる。雨で地中にいたセミの幼虫が羽化の準備ができていても地上に出られずにいて、一斉に出てくるのだ。その幼虫を家に持って帰ってカーテンの下に付ける。幼虫は適当な高さまで登って、そこで羽化をはじめる。そのシーンを何度も飽きずに見るのが夏の楽しみだった。子ども心に、羽化の時間がかかるときは、セミを殻から抜くのを手伝ってやりたくなったものだが、手伝うと羽化が失敗することを知っていたのでじっとガマンしながら、ながめるのだ。羽化してハネの固まった成虫は、翌日神社に放しにいった。

セミの成虫を捕まえるには、口径の小さな網の方が良い。径が大きいと幹に止まっているセミにかぶせても、幹は丸いので網と幹の間に大きなすき間ができて、そこから飛んで逃げてしまう。低い位置で鳴いているセミを見つけたときは、素手で捕まえる。遠くから鳴いているセミを声を頼りに探

◆セミの目はいくつ？
セミの目はいくつあるか知っている？ セミには頭の両わきにある大きな複眼1対のほかに3個の単眼がある。セミを捕まえたら、正面から顔をよく見てみよう。頭の中央近くに3個の点が見えるはず。これが、セミの単眼で、あわせて5つの目を持っているのだ。

羽化中のコエゾゼミの顔（下が背）

し出し、その位置を覚えて木の背後から近づき、そーっと木の裏からのぞき込んで、セミの体の一部を確認したら、裏側から手だけを回して下からパッと手のひらをお椀形にしてセミを捕まえる。

北海道にはその他に大型のアカエゾゼミや小型のエゾチッチゼミ、南西部を中心にミンミンゼミ（04）、アブラゼミ（写真③）、ツクツクボウシ（05）、ヒグラシ、ニイニイゼミ（03）などが分布している。すべて夏に出るセミで、北に行くほど分布は局地的になる。ハネが茶色のアブラゼミは、札幌市内でも見られる区と見られない区があり、道庁や北大植物園など都心部にも生息している。

セミで鳴くのはオスだけで、メスは鳴かない。オスは鳴き声を反響させるために、腹部が大きく薄い袋状になっていて、透けて見える。鳴いているセミを観察すると、腹を曲げたり伸び縮みさせて音を変化させているのが分かる。ひっくり返して、腹弁が大きいのがオス。メスは腹が短く、腹端に産卵管を持っていて、それを枯れ枝などに突き刺して産卵する。

①羽化真っ最中のコエゾゼミ

063

森で探そう

日本の国蝶
オオムラサキ
Sasakia charonda charonda タテハチョウ科 Nymphalidae

01 オオムラサキ♂表　02 オオムラサキ♂裏　03 オオムラサキ♀表　04 オオムラサキ♀裏

05 キベリタテハ　06 ルリタテハ　07 エルタテハ　08 ヒオドシチョウ

開長	分布	季節	1	2	3	4	5	6	7	8上旬	9	10	11	12	食物
65〜90mm	北海道南西部(石狩、空知、後志地方の一部)									7	8上旬					幼虫：エゾエノキ、成虫：樹液

野性味をあわせもつ優雅さ

オス（01）のハネは表面が紫色をしていて美しい。メス（03）は茶色で地味だが、オスよりもはるかに大型。日本の国蝶に指定されていて、切手にもなった。国内では北海道・本州・四国・九州に分布し、北にいくほど小型で裏面の黄色が強くなる（02、04）。北海道では札幌西部の八剣山、藻岩・円山周辺から積丹半島にかけてと、長沼・栗山周辺から石狩市浜益区にかけての限られた地域に生息している。札幌周辺では通常7月に出現し、タテハチョウらしく、空中を力強く羽ばたき、時折羽ばたきを止めて滑空する。オスは日当たりの良い枝先などに止まって、テリトリー（なわばり）を張り、そこに侵入したほかの生き物を追い払うのを観察できる。

オオイタドリの葉にとまるオオムラサキのオス

子どものころ、最もあこがれたチョウの一つ。生まれて初めて網に捕らえたオオムラサキが、力強い筋肉で羽ばたき、網のすき間から逃げられたのは今でも忘れられない。オス・メスともにミズナラなどの樹液に集まるが、樹液が出ている位置が高いことが多く、注意しないと見すごしてしまう。良い樹液には、キベリタテハ（05）やルリタテハ（06）、エルタテハ（07）などの他のタテハチョウも集まってくるので、それをヒントに探そう。成虫はなるべく発生初期の新鮮な時期に、飛んでいる個体や枝先に止まった個体をネットで捕獲する。発生数は年によって変動し、数が少ない年と多い年がある。まれに大発生の年があり、エゾエノキの葉が幼虫に食べられて丸はだかになってしまい、夏に多数のオオムラサキが追尾している姿が見られる。

夏に食樹の葉や枝に産みつけられた卵は2週間ほどでふ化し、近くのエゾエノキの葉を食べはじめる。秋までに2回脱皮し

シラカバの樹液に来たエルタテハ（上）とクロヒカゲ(下)

て通常は3齢幼虫で越冬に入る。エゾエノキの葉が黄色くなるころ、緑色だった幼虫はだんだんと黄色くなり、しだいに茶色の越冬幼虫の色に変わる。幼虫は食樹の高い位置から少しずつ低い枝に降りてくるらしく、気温が下がって葉が色づいたころに下枝の葉に多数の幼虫が付いているのを観察したことがある。その後、幹を降りて地表の落ち葉の下にもぐりこみ、そこで越冬する。幼虫は落ち葉の樹種は選ばないが、湿度には好みがあるらしく、湿りすぎや乾きすぎの落ち葉には付いていない。根の際や岩のくぼみなどにたまった落ち葉がポイント。秋に幼虫を採集したときは、素焼きの鉢にミズゴケと落ち葉と一緒に入れて、上に網をかけて地面に埋めて雪の下で越冬させると良い。

越冬から覚めた幼虫は、春の若葉をバリバリと食べて成長する。脱皮して終齢になると食べる量もとたんに増えてくる。幼虫は台座といって1枚のお気に入りの葉に糸をはいて普段静止する場所をつくり、そこから別の葉を食べに出る。蛹は緑色で、葉についているものは葉の色に溶け込んでいて見つけづらい。この蛹には、面白い習性があって、刺激を与えるとブルブルッとものすごい勢いで体を振る。初めて触れたときは、とび上がるほど驚く。

このチョウを飼育するには、餌のエゾエノキの確保が重要。秋に黒い実をつけるので、その実を拾ってきて植えて食樹を育てるのがよい。なお、成長は早いが雪に弱い木なので、小さいうちは冬囲いが必要。雪から頭を出すようになると急激に大きくなるので、邪魔にならない場所に植えるようにしよう。

One Point Advice

◆消えたチョウ

エゾエノキは、もう1種"ゴマダラチョウ"が食樹としている。昔の札幌近郊ではゴマダラチョウばかり目に付いて、オオムラサキはなかなか採れずに高嶺の花だったのだが、1980年ころより立場が逆転して、ここ10年以上もその姿が確認されていない。オオムラサキはまだいるのに、なぜ札幌近郊のゴマダラチョウだけが消えてしまったのか、いまなおナゾである。

うずたかく積もる雪の下でじっと春を待つキベリタテハ

065

開長	分布	季節	1	2	3	4	5	6	7	8	9	10	11	12	食物
30mm前後	北海道全域、利尻島、天売島、焼尻島、奥尻島															ミズナラ、コナラ、カシワ

先見の明のある美しいチョウ

　チョウの仲間に「ゼフィルス」(ギリシャ語で西風の意味)と呼ばれるミドリシジミの仲間がいる。開長(ハネを開いた幅)が3㌢ほどの小さなチョウで、北海道には21種が分布。その半数くらいの種では、オスのハネの表面が金緑色に輝き非常に美しい。成虫は夏に出現し、1年1化。すべての種が落葉広葉樹を食べ、卵で越冬する。非常に人気の高いグループである。
　ジョウザンミドリシジミ(01～03)は、札幌市の定山渓からこの名が付けられている。このチョウは、ミズナラやコナラの冬芽の付け根に卵を産みつける。驚くのは、このチョウが産卵するのは真夏の葉のしげっているときで、その葉のすき間から、冬芽を見つけ出してそこに卵を産むのである。青々とした葉は卵を産み付けても秋になると落葉して地面に落ちてしまうことを知っているかのようである。通常は1卵ずつ産み付けられるが、時々2卵以上が付いていることもある。どうやら別の母チョウが偶然その場所に重ねて産み付けてしまっているようで、違う種の卵が並んでいることもよく見かける。
　ミドリシジミ類を採るには、6㍍とか9㍍とかの長いさおを使う。なるべく背の低いえさとなる木がある場所が採りやすく、気温が低く飛び回っていない時は、網で枝先をトントンとたたいて、飛び立った成虫が別の場所に止まるのを目で追い、止まった所を網ですくって捕まえる。また、種によって活動時間帯が決まっており、下草などに止まる種もいるので、そのタイミングで探せば短いさおの網でも採ることができる。
　ミズナラなどでは、多数のゼフィルスが同じ木を食樹としていて、それぞれ食い分けやすみ分けをしている。卵を産む位置は、木の高い位置にアイノミドリシジミ(04)、中間くらいの高さにジョウザンミドリシジミやエゾミ

ドリシジミ(05、06)が、雪に埋まるような低い位置にオオミドリシジミ(07、08)が産卵する。さらに、産みつける場所も種によって異なっており、アイノミドリシジミやジョウザンミドリシジミ、ウラミスジシジミ(写真①)などは冬芽の付け根に産みつけ、エゾミドリシジミやウスイロオナガシジミなどでは、枝のまたやくぼみに産みつけることが多い。

ミドリシジミ類の飼育

　ミドリシジミの仲間は、オナガシジミやムモンアカシジミなど一部の種を除き飼育は簡単。
　ミドリシジミの卵の中は越冬のときにはすでに1齢の幼虫となっている。ただし、一度寒さを経験してからでないと温めても出てこない。卵を採ってきたら冬の間は寒い外に置いておく。暖かいようだったら冷蔵庫へ入れておく。食樹の枝を切ってきて、水に挿しておくと芽吹くのでその芽吹きの少し前に卵を出してふ化した幼虫を湿らせた細筆で芽吹いた芽に移す。幼虫期間はだいたい1カ月ほどなので、その間に2、3度芽吹かせた食草を与える。幼虫が大きくなってウロウロし始めたら蛹になる場所を探しているので、落ち葉を敷き詰めた容器などに移すとよい。中学生のころ、それを知らずに飼育していたジョウザンミドリシジミの幼虫が最後にいなくなり、棚にあった数学の教科書の裏で蛹になってしまい、羽化するまでの半月ほど教科書を持たないで学校に行った経験がある。

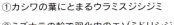

①カシワの葉にとまるウラミスジシジミ
②ミズナラの幹で羽化中のエゾミドリシジミ
③羽化直後のウラナミアカシジミ

One Point Advice

◆卵探しのコツ！
ジョウザンミドリシジミの卵を探すには、林の縁などにポツンと生えているあまり樹高の高くないミズナラの、横にはり出した枝をチェックするのがコツ。大きくて立派な冬芽よりは、少したよりない中くらいか小さめの冬芽の付け根に卵がついていることが多い。枝先の大きな冬芽は芽吹くと早く成長してすぐに葉がかたくなってしまうから好まないのだろうか？

森で探そう

ミズナラ

ウラミスジシジミ（別名：ダイセンシジミ）
卵は、ミズナラやカシワの冬芽の付け根に数個まとめて産みつけられることが多い。卵の突起が長く先がとがって曲がっているため、白い卵が冬になるとゴミなどがついて、黒ずんでみえることが多い

コナラ

ウラナミアカシジミ
卵はやや平らで、コナラの小枝のまたに直接産みつけられる。母チョウは、卵の表面にゴミや腹端の毛をつけてカムフラージュするため、卵を探すのに苦労させられる

ジョウザンミドリシジミ
北海道の森でもっとも多く見つかる種。卵は、いろいろな高さのミズナラの冬芽の付け根に1個ずつ産みつけられることが多い。幼虫は赤茶色

ウスイロオナガシジミ
卵は、枝のくぼみや樹皮のめくれた裏側などに数個まとめて産みつけられる

ミドリシジミの仲間たち
北海道産 **ゼフィルス卵&幼虫図鑑**
卵

エゾミドリシジミ
卵は、ミズナラなどの枝のまたの間や樹皮に産みつけられるためなかなか見つけづらい。台風などで木が倒れたときや、伐採された木があると見つかることがある

ミズイロオナガシジミ
卵はだ円形をしていて、1個ずつ小枝のまたやくぼみに産みつけられる

オオミドリシジミ
卵は、若い小さな木の細枝や太い幹から直接出た細いひこばえなどの付け根に1〜数個産みつけられている。幼虫は、暗緑色

アカシジミ
卵は大型で、ミズナラの冬芽の付け根の1段下側のくぼみに1個ずつ産みつけられることが多い。母チョウは、卵の表面にゴミや腹端の毛をつけてカムフラージュする

アイノミドリシジミ
卵は大きく、ミズナラの上へ突き出た高い位置の冬芽の付け根に1個ずつ産みつけられることが多い

カシワ

キタアカシジミ（別名：カシワアカシジミ）
卵は平らで大きく、カシワの若い枝の表面に重ねるように複数を直接産みつけられる。幼虫は緑色で、体の横についている気門が赤いのが特徴

ウラジロミドリシジミ
卵は小型で、カシワの若い枝の表面に1個ずつ直接産みつけられる。幼虫は淡い黄褐色

ハヤシミドリシジミ
卵はやや大きく、カシワの若い枝の表面に1個ずつ直接産みつけられる

068

北海道産 ゼフィルス ミドリシジミの仲間たち 卵/幼虫図鑑

マルバマンサク

ウラクロシジミ
卵は1個ずつ、マルバマンサクの冬芽の付け根に産みつけられる。北海道では渡島半島南部に分布が限られている

サクラ

蛹
メスアカミドリシジミ
卵は大型で、ミヤマザクラやエゾヤマザクラの細枝のまたなどに1個ずつ産みつけられる。幼虫は鮮やかな黄色で目立つように思えるが、野外では葉の裏に止まることが多く、太陽の光で透けた桜の葉の黄緑色に見事にとけこんでいる

オニグルミ

オナガシジミ
卵は小型で、オニグルミの若い枝に1個ずつ産みつけられる。オニグルミは水揚げが悪く葉も傷みやすいため、飼育は難しい

アオダモ

ウラキンシジミ
卵はアオダモの枝のまたなどに数個まとめて産みつけられる

ブナ
フジミドリシジミ
卵は大型で、ブナの細枝に1個ずつ産みつけられる。卵のふ化が早い種なので飼育するときは要注意

ケヤマハンノキ

成虫を知るだけじゃ物足りない！ 幼虫

ミズナラなどとアブラムシ

ムモンアカシジミ
卵は大型で、アブラムシが発生していてクロクサアリなどが通るミズナラなどの幹のくぼみに産みつけられる。このチョウは、発生する木が決まっているため、夏場成虫が飛んでいた木をおぼえておくことが卵を探すコツ

イボタ

蛹
ウラゴマダラシジミ
卵は数個ずつイボタの枝に産みつけられる。新しい卵は赤い色をしていて美しい

ミドリシジミ
卵はハンノキやケヤマハンノキの枝のまた、冬芽の付け根などに1個ずつ産みつけられるほか、幹にまとめて数個産みつけられることもある。幼虫は明るい緑色で、葉を袋状の巣にしてその中に隠れている

069

森で探そう

外灯に集まるガ

オオミズアオ
Actias artemis artemis ヤママユガ科 Saturniidae

01 オオミズアオ♂　　02 シンジュサン♀　　03 クスサン♀　　04 ヤママ

開長	分布	季節	1	2	3	4	5	6	7	8	9	10	11	12	食物
90mm前後	北海道全域						5	6	7	8					ミズキ、ハルニレなど

夏に外灯の下に止まる、手のひらほどもある青白い大きなガを見たことがあるだろうか？ その名前はオオミズアオ（01）。体は真っ白な毛で覆われ、前ハネの前縁と襟の部分は赤紫に飾られ、鳥の羽毛のような形の立派な触角と長い尾状突起を持っている。メスはオスに比べ、翅形がより丸くて、尾状突起が短いのが特徴。

北海道で見られるヤママユガの仲間

春に姿を見せるヤママユガの仲間にエゾヨツメ（07）がある。後ハネにあるルリ色の目玉模様は中央に、いかり形の白い模様を持ちとても美しい。夏になると続々と大型の種が出てくる。まずに、オオミズアオとそれよりちょっと小ぶりなオナガミズアオ。オオミズアオは、いろいろな植物を食べるため広く分布するが、オナガミズアオは、ハンノキの仲間を食べるため食樹のある地域でしか見られない。続いて、夏にはピンク色の帯が美しいシンジュサン（02）が市街地周辺で見られる。食樹となっているシンジュの木が街路樹や公園などに多いためだ。続いて、オスとメスで色が違う大型のヤママユ（04、05）が出現する。秋風のころにはクスサン（03）が出現する。後ハネの大きな黒い目玉模様が特徴。このガのまゆはスカシ俵と呼ばれ、網目になっている。それに続いて、ハネに丸い透明の目玉模様があるウスタビガ（10、11）と三日月形の半透明の目玉をもつクロウスタビガ（06）が出る。ウスタビガのまゆは、冬になって木々の葉が落ちると黄緑色で目立ち"ヤマカマス"と呼ばれて親しまれている。羽化したメスは、交尾後に樹皮に卵を産むが、ときに、自分が羽化したまゆに卵を産み付けることもある。最後にヒメヤママユ（08、09）という晩秋のガが出現すると、そろそろ虫のシーズンが終わりとなる。

基本的にヤママユガの仲間を探すときは、発生期に外灯を見回るのが効率的。

One Point Advice

カイコのまゆから絹糸が取れるように、ヤママユのまゆからも糸が取れる。その糸は緑色の美しい光沢があり、貴重なもので高級な着物の帯などに利用されている。昔はテグスサンというガの幼虫の絹糸腺を伸ばして、酸で処理して透明な強い糸を作って釣り糸に使っていて、今でも化学繊維で作られている釣り糸をテグスと呼ぶのはそのころの名残。

ウスタビガのまゆ

05 ヤママユ♀　06 クロウスタビガ♂　07 エゾヨツメ♂

08 ヒメヤママユ♂　09 ヒメヤママユ♀　10 ウスタビガ♂　11 ウスタビガ♀

開長	分布	季節	1	2	3	4	5	6	7	8	9上旬	10	11	12	食物
55〜70mm	北海道全域														ヤナギ類

見え隠れする美しい後ハネが魅力

一般に地味で人気のない種が多いガの中で、Catocala（カトカラ）と呼ばれる、ひそかに人気のあるグループがある。前ハネは灰色や茶色の樹皮に似た模様だが、後ハネは赤や黄色、薄紫色をしていて、とても美しいガだ。小学校高学年の時に、シンジュサンのピンクの帯に魅せられ、その後、ムラサキシタバ（01）というカトカラを採ってから、ガの魅力に開眼した。

後ハネが赤いカトカラは北海道に3種いる。最も色鮮やかなのは、前ハネが色の薄い灰色で、後ハネが濃いピンク色のベニシタバ（03）であろう。残りのオニベニシタバ（05）とエゾベニシタバ（04）は朱色系の赤だ。後ハネが白と黒の模様なのは、大型のシロシタバ（02）と中型のオオシロシタバ（写真②）、小型のニゾシロシタバ、カシワ林に生息するヒメシロシタバ（08）など。大きさと和名がマッチしていないので、まぎらわしい。後ハネが黄色の模様を持つものにワモンキシタバ（写真①）、ケンモンキシタバ、ノコメキシタバ（06）、ハイモンキシタバ、ミヤマキシタバなどがあり、道南にはヨシノキシタバ、ゴマシオキシタバ（07）などのブナを食樹としている種が分布する。

外灯に集まった大型のガを採るには、網で採るよりも毒ビンで直接採る方が傷つけずに捕獲できる。毒ビンには酢酸エチルを入れて使用し、毒ビンの口を止まっているガの背後から頭部を狙ってかぶせる。そうすると、逃げようとしてスルッと細長い毒ビンにガが自分から入るので、そのままふたをして動かなくなるまで、揺らさないように置いておく。動かなくなったら、ピンセットでハネの表同士を合わせるように起こして、三角紙に収める。

カトカラなどの前ハネが地味で後ハネが派手なガは、普段は前ハネの下に後ハネを隠して、樹皮などに止まって背景にとけ込む隠蔽色で隠れており、鳥などの外敵にいざ発見されたときは、いきなり前ハネを上げて後ハネの派手な模様を見せて驚かせるのに役立っているようだ。別に、人に見せるためにきれいな後ハネを持っているのではない。

①灯火に飛んできたワモンキシタバ

②ハルニレの樹液に来たオオシロシタバ

One Point Advice

◆どうやって採るの！？
カトカラを採るのには、夏から秋にかけての灯火採集が一般的。しかし、森の中でカトカラを狙って、水銀灯を点灯して何匹か飛来した時に、念のため幕の近くにあるミズナラの樹液を見に行くと、そちらには何倍もの数のカトカラがたかっていたのを見てしまった。カトカラを狙うのなら、灯火採集以上に糖蜜トラップが有効らしい！？

073

森で探そう

ガの奥深さを知る

イカリモンガ
Pterodecta felderi　　イカリモンガ科　Callidulidae

01 イカリモンガ ♀

02 イカリモンガ ♂

03 キスジホソマダラ

04 ベニモンマダラ

06 コスカシバ

07 コトラガ

05 キタスカシバ

08 トラガ

開長	分布	季節	1	2	3	4	5	6	7	8	9	10	11	12	食物
30mm内外	北海道全域、奥尻島					4	5	6	7	8	9				シダ類

チョウ？ それともガ？

　ガの仲間にも昼間にチョウのように飛び回り、花の蜜を吸いにきたりする種類が多数いる。子どものころ、札幌の郊外でオオイタドリの葉の上に止まる茶色くて前ハネにオレンジ色の模様の初めてみるチョウをドキドキしながら捕まえた。やったー、テングチョウを採ったと思って家に帰ってよく見たら、ちょっと形が違う。後で、昼間活動するイカリモンガ（01、02）という名前のがであることを知った。前ハネについているオレンジ色の斑紋がいかりの形をしているためにこの名があるようだ。昼間にチョウのように飛び回るがいることを知り、ガの奥の深さを子ども心に知った。このガは夏に山麓で見られ、イケマやセリ、オオイタドリなどの花に集まって吸蜜する。目が慣れるまでは、チョウとなかなか区別できない。他にも、アゲハモドキというチョウにそっくりなガも昼間活動することで有名。さらにベニモンマダラ（04）、キスジホソマダラ（03）、トラガ（08）やコトラガ（07）など、ガではあるけれどチョウ以上にきれいな、昼間活動するガも多い。早春に活動するカバシャクやセセリモドキも昼間活発に林の縁を飛び回る。また秋の花壇では、金箔をはったような豪華な模様を持つキクキンウワバ（写真⑤）やイネキンウワバ（写真④）、小さなハチドリのようにホバリングをくり返しながら花の蜜を吸うホウジャク（写真③）などの姿を観察することができる。また、花や外灯に集まらないため、見つけるのが難しいめずらしいガもいる。キタスカシバ（05）やコスカシバ（06）などのスカシバの仲間だ。この仲間は皆ハチに似ていて、捕まえるときもハチにそっくりな動きをしていて、ドキドキさせられる。最近ではフェロモンというメスの出すにおいと同じ成分の化学物質でこの仲間を誘引する方法が開発されて、そのにおいのトラップで採ることができるようになった。でも、集まるのはオスばかりである。

◆知って得する（？）チョウとガの違い

ガとチョウははっきり区別することは難しいのだけど…、日本で見られる種類では、触角が細く、先がマッチの頭や書道の太筆の先のように太くなるのがチョウ、先が太くならずにスーっと細くなって糸のように細かったり、触角自体がノコギリの歯のようにギザギザしたり、鳥の羽毛のようになっているのがガと思えば良い。

ベニモンマダラ

イネキンウワバ

ホウジャク

アゲハモドキ

①北海道では渡島半島南部でしか見られないベニモンマダラ（大野雅英氏撮影）
②黒いアゲハチョウにそっくりのアゲハモドキ（大野雅英氏撮影）
③ホウジャク。ホバリングする姿はまるでハチドリ
④キクの仲間を訪花するイネキンウワバ
⑤まるで金箔をはったようなハネがきれいなキクキンウワバ

キクキンウワバ

森で探そう

ファーブル昆虫記に登場する子育てする甲虫

ヨツボシモンシデムシ

Nicrophorus quadripunctatus シデムシ科　Silphidae
ヨツボシモンシデムシ

01 ヨツボシモンシデムシ
02 マエモンシデムシ

03 ヒメクロシデムシ
04 ヒロオビモンシデムシ

05 ツノグロモンシデムシ
06 クロシデムシ

07 コクロシデム

08 ヒラタシデムシ
09 オオヒラタシデムシ
10 ヨツボシヒラタシデムシ
11 クロヒラタシデムシ
12 カバイロヒラタシデムシ

13 ビロウドヒラタシデム

076

体長	分布	季節	食物
14〜20mm	北海道全域、天売島、焼尻島、奥尻島	1 2 3 4 5 **6 7 8 9** 10 11 12	哺乳類や鳥類の死体

大きく二つの仲間に分けられる

シデムシは大きく分けると、触角がやや短くて先が球状になるモンシデムシの仲間と触角が細長いヒラタシデムシの2種類がある。

モンシデムシの仲間で一番よく見かけるのは、翅のオレンジ紋の中に小さな黒点をもつヨツボシモンシデムシ（01）と、その黒点がないマエモンシデムシ（02）の2種。やや涼しい場所には、真っ黒なヒメクロシデムシ（03）やオレンジ紋が太いヒロオビモンシデムシ（04、写真①）、触角が先まで黒いツノグロモンシデムシ（05）などが分布している。北海道南西部では、大型のクロシデムシ（06）も分布している。やや小型で黒くて触角の形が違うのがコクロシデムシ（07）だ。

ヒラタシデムシの仲間は、子育てはせずに幼虫は地面を歩き回り、ミミズや昆虫の死体や動物の死体を直接食べて育つ。北海道の森の遊歩道などを歩いて、地面で見つかる昆虫で一番個体数が多いものの一つがヒラタシデムシ（08、写真③）だ。真っ黒で後翅が退化していて、飛ぶことができず地面を歩き回っている。幼虫はやや細長い三葉虫型をしていて、胸部の両脇に黄色い紋をもつ（写真②）。比較的良好な森をすみかにしている。もう少し人工的な公園や民家の裏山にはオオヒラタシデムシ（09）という一回り大きく、ちょっと青みがかった黒色で、後翅をもち飛べる種類がいる。こちらの幼虫は全身、黒色をしている。木の上に登るのは、全身黄土色で黒い四つの紋をもつヨツボシヒラタシデムシ（10）だ。樹上でガの幼虫などを捕食する。アワフキムシの泡に頭を突っこんでその幼虫を食べている姿を見たことがある。変わったところでは、触角と頭がちょっと細長い小型のクロヒラタシデムシ（11）。この種はカタツムリをよく食べる。時々仰向けになって、カタツムリを足で空中に浮かせて食べている姿を見かける。エゾシカなどの死体に集まっているのはカバイロヒラタシデムシ（12）やビロウドヒラタシデムシ（13）。幼虫も骨の表面などで見かける。他に北海道の海岸や荒れ地ではヒメヒラタシデムシ（14）、オニヒラタシデムシ（15）、カラフトオニヒラタシデムシ（16）などが海鳥や魚の死体などから見つかる。

子育てをする甲虫

森の地面でトガリネズミの死体が動いているのを見たことがある。動物の死体が動くのがとても不思議で、観察していたら下でヨツボシモンシデムシ2頭が幼虫のために餌を運んでいるところだった。フランスの昆虫学者ファーブルが動物の死体を土に埋めて子育てするモンシデムシの仲間の様子を観察して、「昆虫記」に記している。別名、埋葬虫とも呼ばれ、小動物の死体を土に埋めて、皮を剥ぎ、最後は肉団子にする。親はそれを餌に子育てをする。このように親子がいっしょに生活する昆虫を、亜社会性昆虫と呼ぶ。

14 ヒメヒラタシデムシ

15 オニヒラタシデムシ

16 カラフトオニヒラタシデムシ

②ヒラタシデムシの幼虫

①ヒロオビモンシデムシ

③ヒラタシデムシ

森で探そう

キノコに集まる甲虫

オオキノコムシ

オオキノコムシ科　Erotylidae
Encaustes praenobilis

①ミヤマオビオオキノコ
②クワガタゴミムシダマシ
③カタボシエグリオオキノコ
④ルリコガシラハネカクシ

体長	分布	季節	1	2	3	4	5	6	7	8	9	10	11	12	食物
16〜35mm	北海道全域							●	●	●					キノコ

ナッツ系の匂いの甲虫

　オオキノコムシの仲間はさまざまなキノコに集まることが知られている。最大のオオキノコムシ（01）はサルノコシカケ類のキノコに夜、集まる。見つけたら、指でつまんで匂いを嗅いでみよう。ちょっと変わったナッツ系の匂いがする。このほか、よく見つかる比較的大型の種としては、ミヤマオビオオキノコ（02、写真①）や肩のオレンジ紋の中に黒紋をもつカタボシエグリオオキノコ（03、写真③）。体は黒く、前胸は黄色で四つの黒点をもつヨツボシオオキノコはタモギタケなどで比較的よく見つかる。あとの多くはオオキノコという名の割には小型で、数ミリサイズのものが多い。そのため和名にはムツホシチビオオキノコ（04）のようにチビとオオの相反する名前がつけられていたりする種類もいる。キノコによって集まる種類が違ってくるが、多くは枯れ木の表面を覆うように生える食用にはしない菌類を利用している。

　オオキノコムシ以外にもキノコに集まる甲虫は多い。サルノコシカケなどの多孔菌類にはオオキノコムシと同じような黒地にオレンジ紋のあるモンキゴミムシダマシ（05）や前胸背に長いツノをもつコブスジツノゴミムシダマシ（06）やクワガタゴミムシダマシ（写真②）、キノコヒゲナガゾウムシ（07）などが集まる。また、森の中で歩き回っている姿がよく見つかるキマワリもキノコに集まる。

　タモギタケなどには上翅が青や緑に輝くルリコガシラハネカクシ（写真④）がよく集まる。ハネカクシのオスの大アゴは鋭く長く発達するので、なかなかカッコイイ。また、キノコからハエが発生していると、動きの素早いサビハネカクシが捕食に集まっていることもある。

One Point Advice

◆ホコリタケをモミモミすると・・・

地面に生えていて踏んだり押したりしたら、茶色い胞子の煙が出るキノコを一度は見たことがあると思う。それらはキツネノチャブクロというホコリタケの仲間で、このキノコの中で胞子にまみれて暮らす甲虫がいる。フチトリツヤテントウダマシやセグロツヤテントウダマシなどで、中から幼虫や成虫が見つかる。見つけ方は、秋に適度に熟したホコリタケを指でモミモミする。中に虫が入っていれば、かたい感触があるので、そのキノコをさいてみると出てくる。出てきた時は胞子まみれの姿。ほかにもホコリタケケシキスイなども見つかる。（写真左：ホコリタケ、右：中から出てきたテントウダマシ）

①オオキノコムシ

②ミヤマオビオオキノコ

③カタボシエグリオオキノコ

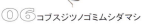
④ムツホシチビオオキノコ

⑤モンキゴミムシダマシ

⑥コブスジツノゴミムシダマシ　⑦キノコヒゲナガゾウムシ

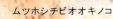
ムツホシチビオオキノコ

079

森で探そう

フキの葉の上にいる北海道固有の飛べないハムシ　アイヌヨモギハムシ空沼型

Chrysolina aino　ハムシ科　Chrysomelidae
アイヌヨモギハムシ空沼型

01 アイヌヨモギハムシ空沼型

02 アイヌヨモギハムシ

03 オオヨモギハムシ

04 ミヤマヨモギハムシ

05 ワタナベハムシ

06 ヨモギハムシ

※実物大シルエットの上に♂交尾器の背面と側面を示す。

体長	分布	季節	1	2	3	4	5	6	7	8	9	10	11	12	食物
6〜9mm	北部と東部を除く北海道							●	●	●	●				フキ、エゾゴマナ、ハンゴンソウ、ヨブスマソウなど

飛べない虫はバリエーションが豊富

写真（左ページ上）は、札幌南部の空沼岳周辺に見られるアイヌヨモギハムシの地域個体群で空沼型と呼ばれているもの（01、写真①）。前胸が青緑色で上翅がワインレッドを帯びた銅色の美しいハムシだ。

この仲間は、通称で属名の読みからクリソリナと呼ばれる、北海道を代表する人気のハムシ。オオヨモギ種群は後翅が退化していて飛べないため、各地で分化が進んでいる。地域による色彩バリエーションが美しい。幼虫・成虫ともにフキ、エゾゴマナ、ハンゴンソウ、ヨブスマソウ、ミヤマアキノキリンソウなどキク科の植物を食べて育つ。例外的にキンポウゲ科のサラシナショウマも食べることが知られている。一番探しやすいのはフキの葉だ。乾燥に弱いハムシなので、明るい日向のフキにはついていない。そういう場所でフキの葉を食べているのはアザミオオハムシに換わる。ちょっと谷になった湿った林道などを歩いて、フキの葉の食痕を探してみよう。すると、葉が食われた新しい跡のあるフキにこの美しいハムシがついているのが見つかるはず。オオヨモギハムシ（03、写真③）、アイヌヨモギハムシ（02）、ミヤマヨモギハムシ（04）の3種は後翅が退化してなで肩で、メスの腹端にフックがついているのが特徴。移動性が低いようでオサムシよりもはるかに細かい地域分化が進んでおり、場所によっては川の右岸と左岸で別種だったり、色彩パターンが異なっていたりする。近年の研究では、形態や遺伝的差異と地理的隔離から道内だけでも18ものユニットに分けられており、それぞれが種に相当するような分化をしているという。

近縁のハムシたち

同じキク科植物にはワタナベハムシ（05、写真②）も見つかる。この種は、メスの腹端にフックがないので区別できるが、同じ場所にいるオオヨモギハムシ種群と色彩が似ていて、慣れないと区別が難しい。主にヨモギについているヨモギハムシ（06、写真④）は後翅が発達していて肩が張り、メスの腹端にフックはない。

◆謎の巨大ハムシ

ヨーロッパを中心にTimarcha（ティマルカ）という属の1cmを大きく越える巨大ハムシが知られている。このハムシは、「Hakodadi（函館）で採集した」と1874年、イギリスの学会で報告されている。以前はクラヤミハムシという和名で呼ばれていた。捕まえると口から赤い液を出すのでハナヂハムシという和名も提唱されているが、ちょっと残念な名前だと思う。いつか、再発見してみたいハムシの一つ。

①アイヌヨモギハムシ空沼型のペア（上：メス、下：オス）

②ワタナベハムシ

③オオヨモギハムシ

④ヨモギハムシ

森で探そう

長く伸びた口がゾウのよう

オオゾウムシ

Sipalinus gigas
オオゾウムシ
オサゾウムシ科　Dryophthoridae

①カツオゾウムシ
②アイノカツオゾウムシ
③コナラシギゾウムシ
④マダラアシゾウムシ

体長	分布	季節	1	2	3	4	5	6	7	8	9	10	11	12	食物
13〜25mm	北海道全域、奥尻島									7	8					幼虫：朽木

丈夫で長生き、種類も多い甲虫

ゾウの鼻のように長く伸びた口、カブトムシよりもクワガタムシよりも硬い体、かぎ爪がついた脛の先をもつ甲虫がオオゾウムシ（01）だ。しかも、丈夫で複数年生きる。ゾウムシの仲間は種類が多く、北海道だけでも200種以上が知られていて、いまだに新しい記録種が増え続けている。北海道で見られる特徴的なゾウムシ類を紹介しよう。

オオアオゾウムシ（02）は新鮮な個体では全身に緑の粉をまとっている美しいゾウムシだ。でも、触れるとそのキレイな粉がとれて黒ずんでしまうので注意が必要。オオイタドリの葉には茶色の粉をまとったカツオゾウムシ（写真①）がいっぱい見つかる。草原のオオヨモギには細長い体型のアイノカツオゾウムシ（写真②）がよく見つかる。さらに分布が限られるが、もっと大型のコマダラハスジゾウムシ（03）という魅力的な種もオオヨモギから見つかる。ミズナラのどんぐりの実に産卵するのは、口吻が鳥のシギのように長いコナラシギゾウムシ（写真③）で、メスはその長い口でどんぐりに穴を開けて産卵する。ホオノキやキタコブシにはフトアナアキゾウムシ（04）というちょっと太めの種がいて、ヤチダモにはガロアアナアキゾウムシ（05）というちょっとシックな斑紋の種が見つかる。林道脇のオニシモツケには背面に四つの白星をもつヨホシゾウムシ（06）が見つかる。ハルニレの材からは、全身ゴツゴツして上翅に白紋をもつシロモントゲトゲゾウムシ（07）が見つかる。道南のヌルデからはマダラアシゾウムシ（写真④）が見つかる。オオハナウドなどのセリ科植物の葉にはハナウドゾウムシ（写真⑤）という種がいて、道内各地に分布しているが、産地によって大きさや色彩に変異がある。初夏のポプラを探すとムネビロイネゾウモドキ（写真⑥）というオスの胸が広がる特異な形のゾウムシが見つかる。

⑤ハナウドゾウムシ

⑥ムネビロイネゾウモドキ

01 オオゾウムシ

02 オオアオゾウムシ

03 コマダラハスジゾウムシ

04 フトアナアキゾウムシ

05 ガロアアナアキゾウムシ

06 ヨホシゾウムシ

07 シロモントゲトゲゾウムシ

◆ドングリVS.シギゾウムシ

ミズナラは、毎年決まった量のどんぐりを実らせるわけではない。時には大量に実をつけるが、ほとんど実をつけない年もある。それは、実を毎年いっぱいつけてしまうと、その実を食べる昆虫や動物が増え、実を食べつくしてしまうかもしれないから、実をつけない年をつくって生き物の数を減らしているのだ。しかし、まったくどんぐりのならない年があったら、それに産卵するシギゾウムシは絶滅してしまうのでは？ ところがそうならず、シギゾウムシは、どんぐりがない年も生き残るために、どんぐりから出た幼虫は土の中で前蛹になる。その翌年に羽化して地上に出るもの、2年後に出るもの、3年後に出てくるものというように出現を分散させて、絶滅を回避しているのだ。

森で探そう

札幌の名をもつバッタ

サッポロフキバッタ

Podisma sapporensis　バッタ科　Acrididae
サッポロフキバッタ

① サッポロフキバッタ♂　② サッポロフキバッタ♀　③ ハネナガフキバッタ♂　④ ハネナガフキバッタ♀

⑤ ミカドフキバッタ♂　⑥ ミカドフキバッタ♀　⑦ ダイセツタカネフキバッタ♂　⑧ ダイセツタカネフキバッタ♀

体長	分布	季節	1	2	3	4	5	6	7	8	9	10	11	12	食物
20〜28mm	北海道全域							6	7	8	9	10			フキなど

フキバッタの多くは、ハネが退化している

初夏の林道脇などでフキの葉っぱがスジだけ残して透けた状態になっているのを見かける。よく見たら、小さな黒っぽいバッタの幼虫がいっぱいフキの葉の上で食事中。これはたいてい、サッポロフキバッタ（01、02）かハネナガフキバッタ（写真①）の幼虫のことが多い。彼らは日当たりの良いフキの葉に集まり、集団でフキを食いつくす。成虫になるとそれぞれがバラバラになり集団は崩壊する。ハネナガフキバッタ（03、04）は成虫になると長いハネがあり、けっこうな距離を飛ぶことができるが、ほかのフキバッタはハネが退化していて飛ぶことはできない。サッポロフキバッタのオス（01）は黒い模様が発達し、メス（02）は大型で黒い模様はオスよりも小さい。オス、メスともに成虫になってもハネがない。

ミカドフキバッタ（05、06、写真②）はやや大型で、痕跡的な小さなハネをもつ。腿節の下が赤いのが特徴。大雪山や芦別岳、暑寒別岳、知床半島、利尻岳などの高山帯にはダイセツタカネフキバッタ（07、08、写真③）という高山性の種が分布している。また、道南の遊楽部岳からは東北との共通種であるハヤチネフキバッタが記録されているが、筆者はまだ出会ったことはない。

名前に地名のついた虫たち

北海道大学の前身の札幌農学校時代から農学部には昆虫学研究室があり、北海道の昆虫研究は100年以上の歴史がある。その間、多くの学者が札幌周辺を中心に各地をフィールドとし、いろいろな昆虫を発見して記載してきた。このため、地名にちなんだ名前がつけられた昆虫も多い。サッポロフキバッタもその一つだ。

サッポロ、ジョウザン、モイワ、マルヤマ、ムイネ、ソラヌマ、ノッポロ、トヨヒラ、イシヤマ、コトニ、ホクダイ、sapporensis、jozanus、moiwana、maruyamensis、muinensis、ishiyamanus、toyohirae…etc.

これらはみな、札幌周辺の地名がつけられた昆虫の名称。筆者が数えただけでも160種を超える昆虫に札幌周辺の地名が学名や和名につけられていた。

①ハネナガフキバッタの幼虫

②ミカドフキバッタの産卵の様子

北海道大学・旧昆虫学及養蚕学教室

③大雪山で見つけたダイセツタカネフキバッタ

サッポロフキバッタ

森で探そう

メスだけで単為生殖する虫

シラキトビナナフシ

シラキトビナナフシ
Micadina conifera
トビナナフシ科　Diapheroneridae

01 シラキトビナナフシ

02 ヤスマツトビナナフシ

03 シラキトビナナフシ　卵

04 ヤスマツトビナナフシ　卵

体長	分布	季節	食物
43〜55mm	北海道南西部	1 2 3 4 5 6 7 **8 9** 10 11 12	ミズナラ、コナラ、クリ、ブナ

北海道のナナフシ

　ナナフシというと木の枝に擬態したちょっと変わった形の南方の昆虫のイメージがあるが、実は北海道にも2種類のトビナナフシの分布が確認されている。一種はシラキトビナナフシ（以下シラキ）（01）で、北海道南西部（石狩、空知、後志、胆振、檜山、渡島）に分布し、渡島半島には広く見られ、北に行くほど分布は局地的になる。もう一種はヤスマツトビナナフシ（以下ヤスマツ）（02）で、こちらの方は分布がより限られ、渡島半島南部に記録がある。両種ともに、ミズナラ、コナラ、ブナ、クリなどのブナ科の植物を食べ、春から夏にかけては枝先の葉をスイーピングすると幼虫が入る。夏から秋にかけてようやく翅の生えた成虫が採れるようになる。両種ともにメスしか現れない。メスだけで単為生殖して世代を繰り返している。

　標本になると変色して2種は区別しづらくなるが、生きている時、シラキは胸部の正中部に赤紫色の帯をもち、前脚の基部が黄色で腿節と脛節端が黒くなる。一方、ヤスマツの胸部は緑色の単色で、前脚基部も緑色で腿節と脛節端は黒くはならない。色彩以外の確実な区別点としては、腹部下面第7節にシラキではY字型の付属物をもつが、ヤスマツにはない。

　さらに正確を期すには卵を見るのが確実だ。シラキでは長楕円形で表面が網目模様だが、ヤスマツではやや四角形でステンドグラス風の模様をもつ。卵は、採集した成虫を数日飼育すれば、糞とともにポロポロと産み落とされるので、確認することはやさしい。野外で卵を探すのは時間と忍耐力が必要だが、生息密度の高い場所なら食樹の下にフキが生えている場所を探し、フキ葉の上に糞が溜まっていれば、その糞に混じって卵が見つけられる。

One Point Advice

◆オオカマキリはいる？

北海道にカマキリがいるかいないかということが時々、話題にのぼる。実際に渡島半島にはオオカマキリが生息しており、札幌や江別でもオオカマキリが見られているのだが、それが定着しているのか、いないのか。それ以外の道内各地でもカマキリの記録が出るが、その多くは街路樹や園芸樹木に卵嚢がついて運ばれ、それから育った個体が確認される例が多いようだ。越冬し、何年か続けて見つかることもある。北海道のカマキリが自然分布なのか移入種なのか。その判断はなかなか難しい。

オオカマキリ

上：シラキトビナナフシ幼虫
下：シラキトビナナフシ♀成虫

シラキトビナナフシのシルエット

開長	分布	季節	1 2 3 4 5 6 7 8 9 10 11 12	食物
55〜65mm	北海道全域、奥尻島		6 7 8	幼虫：キツリフネ、マツヨイグサ属

ハチドリに似た飛び方

　日本ではスズメガ（雀ガ）と呼ばれているけど、アメリカではhawk moth（鷹ガ）。お国が変わるとガの印象も違うのかもしれない。一般には、花の蜜や樹液を吸うときに空中でハネを細かく上下して静止するホバリングという高度な飛翔方法をもっており、その姿や行動から、時々、日本にはいないハチドリと誤認されることがある。

　そんなスズメガの中でもひときわ目をひくのはピンク色のベニスズメ（01）。特に裏面は強烈なピンク色で目立つ。スズメガの仲間では割と普通に出会える種で、夏に灯火に集まる。幼虫はオオマツヨイグサ、キツリフネ、エゾミソハギなどを食べる。緑色型と褐色型の色彩変異があるが、大きな目玉模様と尾部の大きな角状の突起をもつ典型的なスズメガの幼虫だ。

　北海道で見られるスズメガにはほかに、幼虫がホオノキやキタコブシを食べる大型のエゾシモフリスズメ（02）がいる。時々、大きなホオノキの葉が食痕とともに落ちているが、それをかじったのはこのスズメガの幼虫。成虫はつつくとジジッっと体を震わせて鳴く。個体数が多いのは、幼虫がブドウやサルナシを食べるハネナガブドウスズメ（03）。色彩や斑文が特徴的なスズメガには、口吻がとても長く、腹部にエビみたいな模様をもつエビガラスズメ（04）や、後ハネに目玉模様をもつウチスズメ（05）やヒメウチスズメ（06）、後ハネが桃色のモモスズメ（07）、ハネが美しい緑色のウンモンスズメ（08）、体の正中線に白帯をもつクルマスズメ（09）。幼虫はカワラマツバを食べるが、自然草原の消滅で近年減少しているヒメスズメ（10）。湿原の周囲に生えるホザキシモツケにはエゾコエビガラスズメ（11）が発生する。日中に花の蜜を吸って飛び回るクロスキバホウジャク（13）やホシホウジャク（14）など昼行性の種も知られている。

　北国の夏を彩るヤナギランを食べるイブキスズメ（12）という美しいスズメガがいる。このスズメガに初めて出会ったのは10代の頃。手が震えるほどうれしかったなぁ〜。

One Point Advice

◆背中にどくろを背負ったガ
「羊たちの沈黙」というアメリカのスリラー映画の中で、連続殺人犯が被害者の口に、髑髏模様をもつガの蛹を入れるというシーンがあった。
世界には何種か、背中に髑髏模様をもつメンガタスズメの仲間がいる。日本では九州など暖かい地方のガだったが、近年は分布が広がり、2015年にはとうとう釧路市でクロメンガタスズメが見つかった。いつか、自分も出会いたいスズメガの一つだ。

09 クルマスズメ♂
10 ヒメスズメ♂
11 エゾコエビガラスズメ♂
12 イブキスズメ♀
13 クロスキバホウジャク♂
14 ホシホウジャク♂

森で探そう

正面顔が可愛らしい冬夜蛾（キリガ）

Perigrapha hoenei ヤガ科 Noctuidae
スギタニキリガ

01 スギタニキリガ

02 シベチャキリガ

03 シロクビキリガ

04 チャイロキリガ

05 カシワキリガ

06 スモモキリガ

07 カバキリガ

08 マツキリガ

開長	分布	季節	1	2	3	4	5	6	7	8	9	10	11	12	食物
45〜52mm	北海道全域、利尻島					4	5								幼虫：コナラ、サクラ、シナノキ

雪の残る頃、いち早く出てくるガ

　早春、まだ雪が残っている頃に活動を始めるがいる。それが、キリガの仲間。ヤガ科らしく、けっこう渋い色彩だけど、好きなガのグループの一つ。それまで一面の雪で覆われた氷点下の世界だった野山が、昼にはプラスの気温になり、木が暖められて根元の雪が丸く解けて地面が顔を出し始めると、いよいよキリガの季節だ。夜、ヤナギやフキノトウの花にもやってくるが、キリガに出会うのは、灯りを点けるか、糖蜜を木の幹に塗るのが手っ取り早い。

　札幌郊外の森で糖蜜に集まるのは、やや大型で前ハネの雲形定規のような紋が素敵なスギタニキリガ（01）。早春の湿原には、本種に似て触角がより立派なシベチャキリガ（02）が見つかる。幼虫はホザキシモツケを食べるのでその群落の近くが探すポイント。灯火にも糖蜜にも飛来する。前ハネは黄土色の単色だけど、腹部が縞々なのがイチゴキリガ（写真①）。体が木の枝みたいに見えるのはキバラモクメキリガ（写真②）。前翅の基部に白い部分をもつシロクビキリガ（03）。ハネ全体が赤茶色で亜外縁線の外に薄い白紋をもつチャイロキリガ（04）。環状紋の下側を黒紋で囲むカシワキリガ（05）。前ハネはうすい黄土色で外縁手前に2個の黒紋をもつスモモキリガ（06）。環状紋と腎状紋が大きく近接するカバキリガ（07）。前ハネが赤茶色の松の樹皮模様のマツキリガ（08）。褐色のハネにこげ茶色の複雑な模様をもつキンイロキリガ（09）。前ハネに3個の銀紋をもつエゾミツボシキリガ（写真③）。前胸の両肩が張りだすカタハリキリガ（10）。前ハネは灰色で、前縁中央部に台形の暗色紋をもつモンハイイロキリガ（11）。灰色で全体モフモフの毛で覆われるエゾモクメキリガ（12）。前ハネの先近くの前縁が少しへこむエグリキリガ（13）。早春の夜はいろいろなキリガが飛び交っている。

One Point Advice

◆高いお酒でなくても糖蜜採集

早春、木々の根元の雪が丸く解ける根明けが始まり、まだ春の花が咲く前の季節の糖蜜採集は、野山に蜜源が少ないので効果が高い。糖蜜の原料は酒と砂糖。昔は、高級ブランデーなどを入れると、よりガが集まると考えていたこともあるが、酒の値段や銘柄によって採れる虫の数は変わらないようだ。今は基本的に焼酎、ビール、黒砂糖の組み合わせ。なべに黒砂糖と水を少し入れて、温めながらキレイに溶かすのがコツだ。夕方、近所の公園や森の夜でも見つけやすい場所に、糖蜜を塗ったり霧吹きでかけるなどして、ガが吸いに来るのを待ってみよう。

①イチゴキリガ

09 キンイロキリガ

10 カタハリキリガ

②キバラモクメキリガ

11 モンハイイロキリガ

12 エゾモクメキリガ

13 エグリキリガ

③エゾミツボシキリガ

森で探そう

花から花へ花粉を運ぶモフモフのハチ

エゾオオマルハナバチ

Bombus hypocrita sapporoensis ミツバチ科 Apidae

エゾオオマルハナバチ

01 エゾオオマルハナバチ
02 アカマルハナバチ
03 セイヨウオオマルハナバチ
04 エゾコマルハナバチ

※このページは全て女王蜂

体長	分布	季節	1	2	3	4	5	6	7	8	9	10	11	12	食物
12～22mm	北海道全域、焼尻島					●	●	●	●	●	●				花粉や蜜

比較的おとなしいが、油断は大敵。

　全身フワフワの毛に覆われて、毛玉のように可愛らしいマルハナバチは、自然界で植物の花粉を運ぶ大切な役割をしている。春先に飛び回っているのは越冬した女王バチ。脚に花粉団子をつけているのは子育て真っ只中の証拠だ。最初は自分で子育てをし、新しい働きバチが羽化してくると子育てを働きバチに任せるようになる。

　マルハナバチは似た種が多く、さらに女王バチ、働きバチ、オスバチで大きさや斑紋が違うので、同定はなかなか難しい。

　札幌周辺のフィールドでよく見つかるのは大型のエゾオオマルハナバチ(01)。黒と黄、茶の縞模様で舌はちょっと短め。よく似た模様の種類にエゾコマルハナバチ (04) がいる。こちらの種は舌が少し長く首周りの黄色い帯が狭くて、胸部は黒っぽく見えて全体の毛が立ってフカフカ度が高い。体全体がオレンジ色の毛に包まれ、腹部後半部が黒く尻の先端が白い毛で覆われるのはアカマルハナバチ (02)。近年、北海道各地でビニールハウスの野菜や果物の栽培で受粉のために導入された外来種のセイヨウオオマルハナバチ (03) が逃げ出して、あちこちで定着してきている。体は黒と鮮やかな黄色の縞模様で腹端が白いのが特徴。以上の4種がよくみかける常連のマルハナバチだ。

　北海道にはほかにも全身、黄土色の毛で覆われるエゾトラマルハナバチ（写真①）、もっとも舌の長いエゾナガマルハナバチ（写真②）、道東の根室半島には日本ではこの周辺でしか見られないノサップマルハナバチ（写真③）などが生息している。

　ハチの中では比較的おとなしいマルハナバチだけど、やはり毒針をもっている。握ったりしたら刺されることもあり危険なので、手を出さずに観察するだけにしよう。

イソップ物語「キツネとツルのご馳走」

　イソップ童話に、キツネが食事に招待したツルに平たい皿に入れたスープを出し、くちばしが長くてスープが飲めないツルを尻目にスープを楽しんだものの、次にはツルがキツネを食事に招き、細長い首のつぼに肉を入れて出し、今度はキツネが肉を食べられずに困ったという話がある。

　口の形と食べ物の間には強い関係があり、マルハナバチには舌の長い種から短い種までいる。花の種類によって蜜がある場所の深さが違うため、それぞれの花に適応した長さの舌を持つようにマルハナバチは進化してきた。花とマルハナバチは、長い年月をかけて互いに作用しあって形が変化してきた共進化の関係にある。しかし、舌の短いマルハナバチの中には、花の脇から穴を開けて舌を差し込んで花粉を運ばずに蜜だけを吸いとる盗蜜と呼ばれるずるい行動をとる種類もいる。

①エゾトラマルハナバチ

②エゾナガマルハナバチ

③ノサップマルハナバチ

盗蜜するエゾオオマルハナバチ

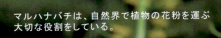
マルハナバチは、自然界で植物の花粉を運ぶ大切な役割をしている。

column#1

野外で危険な動物/植物

マムシ

野外には注意すべき生き物たちがいくつかある。ことさら怖がる必要はないが、彼らを正しく知って、あらかじめ対策を立てておくことは大切。

ヒグマ

ヒグマの生息地に入る時は、一人では行動しない。鈴などの音の出るものを持って行く。新しいフンや足跡、出没情報があるときは、場所を変更するなど細心の注意をする。最後の手段として、クマ撃退スプレーやナタなどの護身具を持参するようにするが、出合わないようにすることが一番。

マムシ

毒ヘビとして有名だが、それほど出合う機会は多くない。体は太く短く、頭が三角形で体に鎖模様と腹面にも模様が入るのが特徴。まれに、側溝の中にいることもあるので、側溝の落ち葉の下の虫などを探すときは、素手ではなく棒などを使ってよけるようにすると良い。必要以上に怖がることはないが、がけなど、岩の多いガラガラとした環境に多いので、そういう場所でPTなどをかけるときは注意しよう。

マダニ

北海道の野外でもっとも厄介な生き物の一つ。主に春から初夏にかけてが活動のピークで、そのころにささやぶをこいだりしたら、衣服に乗り移り、そこから体の柔らかい皮膚に食いつく。食いついてすぐであれば、抜くこともできるが、時間が経過すると抜けなくなり、切開が必要となる。迷わず病院へ行こう。やぶに入るときには皮膚を露出させずに、できれば上下ツルツルした素材の雨がっぱのようなものを着ると良い。やぶから出たら体にダニがついていないかチェック。家に戻ったら風呂に入ってもう一度確認する。

ツタウルシ

ツタウルシ

北海道ではツタウルシ、ウルシ、ヌルデなどのウルシ科植物が野外で見られる。秋には真っ赤に紅葉して美しい植物であるが、それらの葉に触れると皮膚がかぶれることがある。特にツタウルシは強力で注意が必要。春にオサムシ採集のPTを設置するときに素手で地面を掘ると、このツタウルシのツルを切ったり、新芽に触れたりしてかぶれることがあり、作業するときは肌を露出させないように気をつけたい。

イラクサ

イラクサ

エゾイラクサ、ホソバイラクサなどが自生している。イラクサとは漢字で書くと「刺草」で、名前のとおり触れると細かい多数のトゲが刺さったような痛みをしばらく感じることになる。このイラクサ類にはクジャクチョウやコヒオドシなどのトゲだらけのチョウの幼虫がついており、幼虫に触れても大丈夫だが、イラクサに触れると猛烈にチクチクと痛む。

草むらにひそむ人気者たち。

草原で探そう。

- テントウムシ
- ダイコクコガネ
- ハネナガキリギリス
- トノサマバッタ
- ジンガサハムシ
- アカスジカメムシ

part three

草原で探そう

越冬するテントウムシの集団。黒地に赤い点が2つの「二紋型」、赤い点が4つの「四紋型」、そしてオレンジの地にたくさんの黒い点をちりばめた「赤紋型」のすべてが見られる

世界中で愛される小さな甲虫
テントウムシ
Harmonia axyridis テントウムシ科 Coccinellidae

- 01 テントウムシ（赤紋型）
- 02 テントウムシ（変異型）
- 03 ナナホシテントウ
- 04 マクガタテントウ
- 05 ココノホシテントウ
- 06 カメノコテントウ
- 07 カメノコテントウ（黒化型）
- 08 カサイテントウ
- 09 ジュウサンホシテントウ
- 10 ベニヘリテントウ
- 11 エゾアザミテントウ
- 12 トホシテントウ

体長	分布	季節	1 2 3 **4 5 6 7 8 9 10 11** 12	食物
5〜8mm	北海道全域			アブラムシ

見て楽しい豊富な斑紋

テントウムシ（別名ナミテントウ）（01、02）は、上翅の模様にさまざまな型があって、斑紋が違うと別の種に見えるがすべて同じ種の変異型である。地域によってその斑紋の出かたが変わってくる。北海道で一般的な斑紋は、黒い上翅に赤紋が2つ

②テントウムシのサナギ。必ず頭を下にしている

①アブラムシを食べに来たナナホシテントウ

の二紋型と4つの四紋型、それとオレンジの上翅に黒い黒点を何対も散りばめた赤紋型（01）がよく見られる。夏の間は各種植物の上でアブラムシを捕食している。一番目に付くのは、秋おそく雪虫が飛ぶころに大量に住宅に入りこんでくる時であろう。自然界では、がけの岩の割れ目や立ち枯れの浮いた樹皮下などで集団越冬する。その越冬場所を求めて飛び回り、構造物があるとそこに着地して、表面をはい回り、すき間があれば潜りこんで越冬するため、室内に入りこむのである。

テントウムシの仲間には、多くの種類がある。朱色に黒い紋を7つもつ、有名なナナホシテントウ（03）は草原に多く、オオヨモギなどキク科植物に発生するアブラムシに集まる。同じような環境で、小型のマクガタテントウ（04）を見ることが多い。ナナホシテントウは、ススキの株などの根元や落ち葉の下で数匹が集まって小規模に越冬するため、越冬している個体は目立たない。よく似たココノホシテントウ（05）とアイヌテントウは河原で見られる。大型の種ではカメノコテントウ（06、07）がオニグルミに集まる。ハイマツやヒダカゴヨウからは、カ

サイテントウ（08）という珍しいテントウムシが採れている。トドマツには、小型でやや平たいルイステントウ（写真④）が付く。この種は斑紋変異があるので同定には注意。湿地の草の間には、ジュウサンホシテントウ（09）やジュウクホシテントウなどの長細い体型の変わったテントウムシもいる。道南にはオオワラジカイガラムシを食べるベニ

③テントウムシのペア。色が違っても同じ種類

ヘリテントウ（10）が分布している。これらの種は、アブラムシやカイガラムシなどを食べる捕食性のテントウムシである。一方、植物を食べる食植性のテントウムシの仲間もいる。アザミ類を食べるエゾアザミテントウ（11）は道内の地域によって形が変わる。カラスウリを食べるトホシテントウ（12）、ジャガイモやナスを食べるオオニジュウヤホシテントウなどである。

テントウムシを探すコツは、捕食性の種の場合は、その種の好むアブラムシやカイガラムシなどの餌が発生する植物を見つけること。食植性の種の場合は食草の植物を探し、テントウムシのつけた食痕（かじった跡）を見つけること。新しい食痕が見つかれば、たいていはその周囲にその跡を残した個体がいるはずである。

多くのテントウムシは捕まえると、擬死といって脚を縮めてひっくり返り、動かなくなって死んだフリをする。また、脚の関節からにおいのする苦い汁を出し、捕食者に食べられるのを逃れようとする。この汁の色は多くのテントウムシでは黄色だが、カメノコテントウでは赤色をしている。そのため、目立つ色彩をしていても、鳥などから好ん

④ルイステントウには、斑紋変異が多い

で食べられるということはなく、逆に敬遠されているようだ。越冬のため多くのテントウムシが飛び交う秋に口を開けて自転車などで走っていると、間違ってテントウムシが口に入ることがあるようだが、二度と経験したくない苦さだとか？ みんなも気をつけよう。

One Point Advice

◆益虫？ 害虫？
アブラムシやカイガラムシを食べる肉食のテントウムシは、赤や黄色など色鮮やかでツヤツヤの光沢があり派手。植物を食べる草食のテントウムシは、一般に体が毛でおおわれていて光沢がなく、茶色系統の色に黒紋を持つ種が多く地味。前者は益虫、後者は害虫と呼ばれることが多いが、人が自分の都合で勝手に決めた呼称で、テントウムシはありがたくないだろうなぁ。

越冬中のナナホシテントウ

草原で探そう

06 ダイコクコガネ♀

05 ダイコクコガネ♂ 極小型

04 ダイコクコガネ♂ 小型

自然がつくった**彫刻**

ダイコクコガネ
Copris ochus   コガネムシ科 Scarabaeidae

01 ダイコクコガネ♂ 特大型

02 ダイコクコガネ♂ 大型

03 ダイコクコガネ♂ 中型

07 ゴホンダイコクコガネ♂

08 ゴホンダイコクコガネ♀

体長	分布	季節	1	2	3	4	5	6	7	8	9	10	11	12	食物
18〜30mm	北海道南西部・奥尻島							6	7	8	9				大型草食獣の糞

立体的なボリューム感が魅力の糞虫

ダイコクコガネ（01〜06）は、大型草食獣のフンを餌に世代交代する日本で最大になる糞虫。オスの頭部には大きなツノがあり、その重量感と形により人気がある。しかし、実際に図鑑にのっているようなツノが発達して後ろにそり返っている立派なオスは、めったに採れない。

ダイコクコガネのオス。こんな堂々としたオスにはなかなかめぐり合えない

北海道南西部の丘陵地の放牧地に入ると、10年くらい前までは牛フンさえあればそのわきにダイコクコガネが巣穴を掘った土が盛り上がっているのが当たり前のように見られたのだが、近年はダイコクコガネを牛や馬の放牧地で探してもその生息の痕跡すら見つからなくなってしまった。牧場に入る時は、牧場の関係者に虫採りをして良いかと確認してから入るようにする。運良く、牛フンなどの横に穴を掘った跡の土盛りを見つけたら、そこに指を入れてその周りを根掘りで掘る。土盛りの土が新しく積まれて、量が少ないほど浅い場所にい

ることが多い。そして、さらに指を深く入れて指先に虫がコツンと当たるまでくり返すと、見失わずにダイコクコガネを掘り出せる。うまく掘れば、オス・メスのペアで入っていることが多い。もちろん、掘った穴は必ず元に埋め戻すことを忘れずに。あとは、夏から秋にかけて外灯回りをすると採れる。

北海道のダイコクコガネは日高山脈以西の北海道南西部を中心に分布している。特によく見つかるのは、厚沢部町や上ノ国町などの道南と、むかわ町や日高町など胆振・日高周辺の外灯の周りで拾えることが多い。糞虫の仲間は、オレンジ色のナトリウム灯にもよく集まるので、そんな外灯もマメにチェックしてみよう。近年エゾシカの個体数増加とともに山間部でダイコクコガネの確認例が増えてきているようである。周囲に放牧地の無い深い山中の灯火採集でこの種が捕獲されるときは、エゾシカのフンで発生していると考えられる。

フン球の世話をするゴホンダイコクコガネのオス
頭に赤いダニをのせている

ダイコクコガネが各地で減少している要因はいくつか考えられるが、その一つにイ

ベルメクチンという、家畜用の駆虫薬の影響が最近クローズアップされてきた。この薬は、牛用では背中に薬剤をかけるだけで皮膚から吸収され、線虫やダニ、シラミなど体の内外の寄生虫を駆除した後、体内に蓄積せずに糞尿といっしょに薬剤成分が排せつされる。体内に残留せずにとても便利な薬なのだが、フンと一緒に薬剤が排せつされるため、フンを食べて育つ昆虫の発生に影響を与えるのである。

One Point Advice

◆ダイコクコガネとカブトムシの違い
ダイコクコガネとカブトムシ、同じコガネムシの仲間だけど、どこがちがうの？
カブトムシは食葉群と言って、植物を食べるグループ。ダイコクコガネは食糞群で、動物のフンを食べるグループ。形態的には、上翅の付け根に小楯板という三角部分があるのがカブトムシの仲間で、それが見えないのがダイコクコガネの仲間なんだ！

ダイコクコガネ

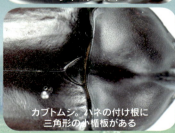

カブトムシ。ハネの付け根に
三角形の小楯板がある

天気のいい日に牧草地でダイコクコガネを探すのは楽しい。最初は糞だらけの場所で小さな穴に指を突っ込むのは気が引けるかもしれない。だけど、一度でも穴の奥の指先に、糞虫のツルツルした感触を確かめることができたら、夢中になることまちがいなし！

草原で探そう

ギラギラと照りつける太陽の光、夏の風物詩

ハネナガキリギリス
Gampsocleis ussuriensis キリギリス科 Tettigoniidae

オホーツク海沿岸にすんでいるカラフトキリギリス

成虫になってもハネが短いコバネヒメギス

鳴いているキリギリスへじりじりと近づいて行く...

体長	分布	季節												食物
40〜55mm	北海道全域		1	2	3	4	5	6	7	8	9	10	11	12	雑食性

キリギリスは草食？ 肉食？

　キリギリスのギー・チョンという暑苦しい鳴き声が聞こえてくると北海道の夏ももう後半だ。北海道にいる種は本州以南のキリギリスよりもやや大型でハネが長く、大陸と共通のハネナガキリギリスという種である。オス・メスともに体は鮮やかな緑色をしているが、ハネの上部は黄土色で黒いゴマ模様が付いていて、名前の通り腹端より長い。メスは尻の先に体よりも長い剣のような産卵管をもつ。この管は、地面に突き刺して土中に卵を産むのに使われる。産まれた卵は、翌年ふ化して小さなキリギリスの子供となる。キリギリスやバッタは不完全変態で、幼虫から脱皮して直接成虫となるため、幼虫も成虫も同じ形をしている。成虫と幼虫は、ハネがあるかないかで区別できる。春から初夏にかけては、タンポポの花の上などで小さなキリギリスの幼虫を見ることができる。キリギリスといえば、虫かごに入れて、キュウリやナスを餌に与えるのが一般的であるが、よくみると脚には鋭いトゲがたくさんついている。これは、カマキリの鎌と同じで、他の昆虫を捕らえるときに逃がさないための武器となっている。キリギリスは植物も食べるが同時に他の昆虫を捕らえて食べる肉食の性質もあわせ持っている。飼育するときに、複数のキリギリスを入れると、共食いが起こるので別々の容器で飼い、カツオブシや煮干などの動物性タンパク質を与えるのが良い。

意外と採るのはむずかしいゾ！

　実際に草むらで鳴いているキリギリスを採るには、かなりの経験と技術が必要である。炎天下に立ちつくすことになるので、まずは帽子をかぶること。そして、キリギリスに近づくには、鳴いている間に一歩ずつゆっくりと近づき、鳴き止んでいるときは、動かずに再度鳴くのを待つ。そう、"ダルマさんがころんだ"の要領だ。近づいてもキリギリスの姿を見つけられない時は、距離感がつかめていない時である。今鳴いている個体の方向を覚えてから後ろへさがり、別の場所から鳴いている方向を見る。離れた2地点から鳴いている方向を確認したらその方向の交わる位置にターゲットのキリギリスがいるはずである。再度、ゆっくりと近づく。この時に急な動きは警戒されるので避ける。鳴いているキリギリスを見つけたら、近くにその声に誘われているメスがいることもある。ただし、2匹同時に狙うと両方とも逃げられることになるので、最後は狙う個体をどちらかに絞ること。草むらでキリギリスを採るのに網を使ってもまず逃げられるので、手で採るのが確実だ。通常は、手をお椀形にして、鳴いている時に左右の手を拝むように合わせて、その手の空間にキリギリスを捕獲する。かまれることもあるので、それがいやなときは、軍手などをはいてもよい。細長い牧草などの草の間で鳴いている個体を見つけた時は、その草ごと、一気に手で倒すという技を子供のころにあみだした。そうすると、倒された草のすき間にはさまって動けなくなっていて簡単に捕まえることができる。いずれにせよ、なかなか採るのが難しい虫である。

　北海道には、もう1種カラフトキリギリスという大陸系の種類がオホーツク沿岸に分布している。こちらの種は、褐色と緑色の2タイプあって、チキッ・チキッと短く鳴く。道内各地でみられる、キリギリスを黒くして小型にした形の種類は、イブキヒメギスやヒメギス、コバネヒメギスなどの仲間である。

One Point Advice

◆不思議な生き物"ハリガネムシ"　キリギリスやカマドウマの腹の中から出た、細長いウネウネ動く針金のような生き物を見たことがあるだろうか？ハリガネムシという寄生虫で、水中に卵を産み、それを水生昆虫が食べて次々と食物連鎖で食べられて陸上の昆虫まで乗り移って寄生している。産卵が近づくと、寄主のキリギリスなどを水辺に誘導して、そこで腹から出てくるという。

この中にキリギリスがいるよ。すぐにわかったキミは、虫採りの天才かも!?

草原で探そう

元気なトノサマバッタを捕まえるには、疲れを知らない体力が必要!

トノサマバッタ
Locusta migratoria
バッタ科 Acrididae

どこかで見たことのあるカッコイイ面構え

トノサマバッタの幼体はハネが短いため、後ろ足近くにある耳の位置がよくわかる

オス、メスのペア

体長	分布	季節	1	2	3	4	5	6	7	8	9	10	11	12	食物
48〜65mm	北海道全域								●	●	●				草

仮面ライダーのモデルだ！

メスはオスに比べはるかに大型。成虫は緑色のタイプと黄土色のタイプの2色の型がある。両タイプとも、前ハネは褐色で黒い小さな斑点をもつ。後ろ脚は大きく発達し、脛節はオレンジ色で目立つ。仮面ライダーのモデルになった昆虫として有名。北海道では明治期や大正期に"飛蝗"と呼ばれる大発生が各地で起こり、作物などを食い荒らし大きな被害を出したこともある。その時に駆除した成虫や卵を埋めたのがバッタ塚として道内各地に残っている。大発生したときのトノサマバッタは群生相という特別な形に体が変化し、色は褐色になり、ハネが長くなって長距離を飛行するのに適した作りとなる。今見られる形のトノサマバッタは孤独相というもので、大群で移動したり、作物を食い荒らしたりはしない。

野原を歩いていると突然足元からパタパタパタと音を立てて飛び立つ大型のバッタがトノサマバッタだ。飛んでいる時は、後ハネの黄色が目立つ。乾いた丈の短い草原や荒れ地を好む。昔はどこの空き地でもトノサマバッタがいたものだが、近年はそんな空き地がどんどん減ってきて、見られる場所も限られてきている。それでも定期的に草刈りされている草原や、アスファルトで舗装されていない土や砂利の駐車場などで見ることができる。

トノサマバッタの採り方であるが、飛び立った個体を見つけたら、着地する場所を見失わないように飛んでいる個体を目で追い、着地したらそこへ、そーっと近づいて網をかぶせて捕まえるだけである。ただし、敏感な個体と鈍い個体がいるので、何度も逃げられる敏感な個体は相手が疲れて長距離を飛べなくなるまで、繰り返し追いかけるという手もあるが、何度も全力で追いかけることになりかなり疲れる。もう少し鈍い個体を探して採った方が楽に捕まえられる。

トノサマバッタの卵は、土中にメスが腹部を長く伸ばしてさし込み、塊として産み付ける。土中の卵塊はそのまま越冬して翌年、ふ化して小さなトノサマバッタとして地表で活動するようになる。幼体のトノサマバッタは成虫と基本的な形態は一緒であるが、ハネが無いのと他の部位に比べ頭胸部が大きいのが特徴。飼育するときには、飼育ケースに土を入れて飼うと産卵までうまくいく。

道内でトノサマバッタにそっくりで、後ハネに黒い輪の模様がついているのは、クルマバッタモドキ（写真①）である。河原の玉石や砂利に溶け込む隠蔽色をしているのは、カワラバッタ（写真②）で、飛んだときは水色の後ハネが美しい。北海道でもっとも普通にみられるのは、ヒナバッタ（写真③）であろう。このバッタは通常は褐色であるが、時に体全体がピンク色をした個体も出て話題となることもある。背面のX字形の黒い模様が特徴的。捕まえると口からこげ茶色の液体を出すので、子どもたちの間では"しょうゆバッタ"と呼ばれる。森の近くでは、ハネを持たないサッポロフキバッタや後ろ脚が赤や青で彩られるミヤマフキバッタ、ハネをもつハネナガフキバッタなどが見られる。

①クルマバッタモドキ

②河原の石にそっくりなカワラバッタ

One Point Advice

◆バッタの耳はどこにある？

多くの昆虫は耳をもっていない。そんな中、鳴く虫には耳がある。バッタの耳は後ろ脚の付け根近くにあって、ハネをちょっと上げてやると確認できる。キリギリスやコオロギの耳は前脚についている。耳と言っても、小さな長細い丸い凹みなのだが、鳴く虫はそこで音を感じているんだ。

③胸の黒い模様が特徴のヒナバッタ

草原で探そう

新種の昆虫と間違われる、ゴールドメタリックの甲虫

ジンガサハムシ

ジンガサハムシ
Aspidomorpha indica ハムシ科 Chrysomelidae

01 ジンガサハムシ（生体）　02 ジンガサハムシ　03 スキバジンガサハムシ　04 カメノコハムシ 　05 ヒメジンガサハムシ

06 アオカメノコハムシ　07 ルイスジンガサハムシ 　08 クロマダラカメノコハムシ 　09 キイロカメノコハムシ 　10 セモンジンガサハムシ

体長	分布	季節	1	2	3	4	5	6	7	8	9	10	11	12	食物
7〜8mm	北海道全域、奥尻島						●	●	●	●					ヒルガオ

美しい金色は生きているときだけ

ヒルガオの葉を穴を開けるように食べるハムシの仲間にジンガサハムシ（01、写真①）という金箔でつくられたようなキラキラと金色に輝く甲虫がいる。しかし、死んで乾燥した標本（02）では金色の輝きは失われて茶色くなってしまう。

和名は、透明な丸い薄板に覆われた姿が昔の下級武士がかぶっていた陣笠に似ているところからつけられている。道南エリアのヒルガオには、スキバジンガサハムシ（03）というそっくりな種がいて、横から見るとジンガサハムシよりも背中の盛り上がりが低く平べったい。近い仲間にやはりその形から亀の子に似ているということでカメノコハムシ（04）と名付けられた種もいて、こちらの方はアカザの葉上（写真②）から見つかる。ヨモギの葉には、ヒメジンガサハムシ（写真③）がついている。アザミ類の葉には、全身緑のアオカメノコハムシ（06、写真④）がついているが、体が平べったく動かないと葉と同じような色をしているので、なかなか見つからない。アオダモやイボタからは体の背面が強く隆起するルイスジンガサハムシ（07）が見つかる。石狩川の中流の妹背牛町では、赤と黒の目立つ模様のクロマダラカメノコハムシ（08）が河川敷のヒルガオから見つかっている。海岸や火山灰地などに生えるカワラナデシコやオオヤマフスマからキイロカメノコハムシ（09）という小さくて丸い可愛らしいハムシが見つかる。道南地方のサクラの葉には、セモンジンガサハムシ（10）という小型の種が見つかる。カメノコハムシの仲間の幼虫は、脱皮殻を腹端につけ、それを背中に折り曲げた変わった格好をしているのですぐにわかる（写真⑤）。

ハムシは漢字で書くと「葉虫」。特定の植物と関係が深いので、ハムシ科の甲虫を探すには、まず食草や食樹となる植物を野外で見つけられるようになることが大切。植物が見つかれば、それにつくハムシを見つけられる確率が格段に上がる。

One Point Advice

◆マスコミから問い合わせ相次ぐ

毎年、テレビや新聞などマスコミから問い合わせがくる昆虫がいる。ピンクのバッタと金色の甲虫だ。ピンクのバッタは、ヒナバッタやヒメクサキリで出現する色彩変異の一つ。金色の甲虫は、新種ではないかとテレビ局や新聞社へ、視聴者や読者から画像とともに情報提供があるようだ。正体はジンガサハムシで、左に書いたように生きているときと死んで標本になったときで色が違ってくるので、図鑑では判別しづらいのだ。

色彩変異のヒナバッタ

①ヒルガオの葉の上のジンガサハムシ
②アカザ葉上のカメノコハムシ
③ヨモギ葉の上のヒメジンガサハムシ
④アザミの葉上のアオカメノコハムシ
⑤アオカメノコハムシの幼虫

草原で探そう

Graphosoma rubrolineatum カメムシ科 Pentatomidae
アカスジカメムシ
赤黒のストライプが美しいカメムシ

アカスジカメムシ

01 アカスジカメムシ　02 マダラナガカメムシ　03 ナガメ　04 ジュウジナガカメムシ
05 スコットカメムシ　06 クサギカメムシ　07 ヨツモンカメムシ

体長	分布	季節	1	2	3	4	5	6	7	8	9	10	11	12	食物
9〜12mm	北海道全域、天売島、焼尻島、奥尻島							●	●	●	●				オオハナウド、セリ、ノラニンジンなど

某サッカーチームのユニフォーム柄

　カメムシというと、嫌われる昆虫の代表の一つだが、よく見てみると色彩もキレイなものが多いし、なかなか魅力的な形のものもいる。また、嫌われる原因の臭いだが、タイ料理に使う香草のパクチー（コリアンダー）とカメムシの臭いは基本的に同じ系統の香りだ。

　北海道には400種を越えるカメムシの仲間が知られていて色や形もさまざま。道内で見られる特徴的なカメムシを紹介しよう。

　初夏、セリ科の白い大きな花が咲くとそこに赤黒の縞模様のアカスジカメムシ（01）が集まってくる。その模様が北海道のサッカーチームのユニフォーム柄に似ていることから、"コンサドーレカメムシ"と呼ばれたりする。草原の白い花にとまる赤黒のストライプのカメムシは北国の風景にとても似合う。同じような赤黒のカメムシにキク科の植物を好むマダラナガカメムシ（02）やアブラナ科の植物に集まるナガメ（03）、イケマなどガガイモ科の葉を好むジュウジナガカメムシ（04）などがいるが、模様や体形が違うので見分けられるはずだ。

　嫌でも目に付くのは冬に室内に入ってくるカメムシ。その代表がスコットカメムシ（05）、次いでクサギカメムシ（06）やヨツモンカメムシ（07）などが室内によく入ってくる。

　野外で比較的目につく大型のカメムシを紹介しよう。草原で出会うのは、ムラサキカメムシ（写真①）やブチヒゲカメムシ（写真②）でキク科の植物によくついている。後者はマメ科にも集まる。ニシキギの木には、黒いソックスをはいたような足元がおしゃれで青りんごのような匂いのするキバラヘリカメムシ（写真③）が見つかる。幼虫時代は集団で暮らしているが、成虫になるとバラバラになる。大型のカメムシでは、胸に黒い星が並ぶトホシカメムシ（写真④）や全体がグリーンメタリックのツノアオカメムシなどによく出会う。中にはクワの葉の裏で卵や子どもを守るヒメツノカメムシ（写真⑤）のような生態のカメムシも知られている。

　カメムシを触ると指に臭いがついて、つい何度もクンクンとかいで「クサァ〜」となるけど、カメムシの臭いはそんなに持続しない。半日もすれば、臭いは消える。それでも、5分置きくらいに臭いを確認せずにはおられないのは、人の習性なのか？

One Point Advice

◆カメムシほいほい

　寒くなると家の中にカメムシが入ってきて困っているのはわが家だけではないと思う。山のふもとにあるわが家には、秋が深まると大量のスコットカメムシが入ってくる。毎年、このカメムシの香りをかいでいるが、今もなかなか良い香りとは思えない。家の中には「カメムシほいほい」と呼んでいるボックス式ライトトラップを設置して侵入したカメムシを捕獲している。つくりは簡単。照明の近くの壁にロートの返しをつけた捕獲器を設置するだけである。コツは、ロートの内側に虫が歩けないようにベビーパウダーを振りかけること。こうすると、ロートの内側を歩くことなく滑り落ちる。

①ムラサキカメムシ
②ブチヒゲカメムシ
③キバラヘリカメムシ
④トホシカメムシ
⑤ヒメツノカメムシ

column#2

野外で危険な昆虫 I

昆虫の中にも、不注意に刺激すると痛い目にあうものがある。むやみに近づかず、また、虫除けを持っていくことも忘れずに。

スズメバチ

　必要以上に怖がることはないが、国内で起こる野生動物関連の事故で最も死亡の件数が多いのはスズメバチである。ある意味、ヒグマよりもハブよりも危険性の高い昆虫である。死亡の原因は、過去に一度ハチに刺されて、抗体を持った人が起こすアナフィラキシーショックである。ハチに刺されると必ずなるわけではなく、一部の人に現れるアレルギー症状である。ハチに刺されたときに患部が腫れるとか痛いという症状だけなら問題ないが、全身に症状が出た場合は病院で検査しておいたほうが良い。近年、エピペンという応急処置の薬剤が開発されたので、もし、自分がその症状を持っている場合は、野外に出るときに病院で処方してもらって持参したほうが良い。

クロスズメバチの巣

樹液に集まるスズメバチ

ブユ

ブユ、カ、ヌカカ、アブ

　いわゆる刺す虫たちである。ブユは春先から活動し、渓流が流れる谷に特に多い。刺されるというよりもかじられるのだが、かゆいのと、ものすごく腫れる。目の周りをやられるとまぶたが開かなくなり、手の甲をやられると赤ん坊の手のように"ぷくぷく"に腫れて、手がきちんと握れなくなる。カは刺されたことがあるだろうが、秋の湿原のカの多さとしつこさはスゴイものがある。人の形にカが集まってくる。しかも、着ている衣服が薄いと布の上から刺してくるので厄介だ。ヌカカというのは、網戸の網目を通るくらい小さなカの仲間。ヌカカに刺されると、点々と赤くなり後々までかゆみが収まらない。アブは真夏の暑い日中に、林道などに入ると、動物と間違えるのか多くのアブが集まってくる。アブは刺されると痛い。大きいので、注意していれば肌に止まったときに気づくので、撃退する。これらの昆虫を予防するには、露出部に虫除けを塗ったり、腰に蚊取り線香や電子蚊取りをぶら下げるが、やはり一番重要なことは、肌を出さない服装を心がけることである。

アブ

マツモムシ、ゲンゴロウ幼虫

　これらの水生昆虫は、普段触れてもかまれたり刺されたりすることはめったにないが、かまれるとハチ以上の激痛なので注意しよう。

マツモムシ

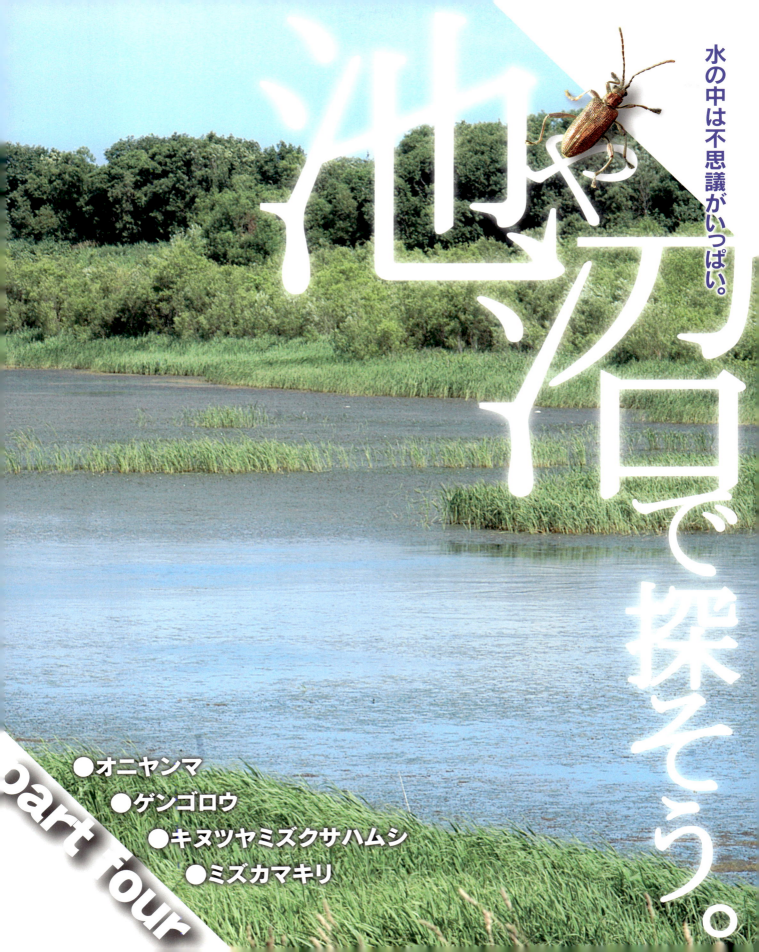

水の中は不思議がいっぱい。

池や沼で探そう。

- オニヤンマ
- ゲンゴロウ
- キヌツヤミズクサハムシ
- ミズカマキリ

part four

池や沼で探そう

夏の太陽を反射(はんしゃ)して飛ぶ大型のヤンマ

Anotogaster sieboldii
オニヤンマ
オニヤンマ科　Cordulegastridae

01 オニヤンマ ♂
02 オニヤンマ ♀
03 オオルリボシヤンマ ♂
04 ルリボシヤンマ ♀
05 マダラヤンマ ♂
06 マダラヤンマ ♀

体長	分布	季節	1	2	3	4	5	6	7	8	9	10	11	12	食物
80〜90mm	北海道全域、奥尻島							●	●	●	●				小昆虫

ヤンマは少年の永遠のあこがれ

透明感のある緑色の大きな目、黒と黄色のあざやかなストライプ。夏に林道などで出合うオニヤンマ（01、02）は、大きくて目立ち、しかも素早い大物だ。オニヤンマは大きさ以外にも特徴的で、複眼の付け根が一部でつながることや、幼虫であるヤゴが

①ルリボシヤンマ（左）とオオルリボシヤンマ（右）の違い。矢印部分がオオルリボシヤンマではオノ状に広がっている

め、この時間帯のヤンマ類を空中戦で採るには、素早く振れる風切りの良いメッシュネットを付けた長いさおが必要となる。

成虫の姿が似た種にコオニヤンマがいるが、幼虫は木の葉のように平たく非常に変わっている（08）。成虫の複眼が離れているのが特徴でサナエトンボ科に属し、同じ仲間に流水にすむモイワサナエ（09）、

07 オニヤンマ　08 コオニヤンマ　09 モイワサナエ　10 コサナエ
11 コシボソヤンマ　12 ルリボシヤンマ　13 ギンヤンマ　14 アオヤンマ

大型で毛深く、独特の形をしていることなど、ほかのヤンマ類とはかなり違っていて、オニヤンマ科という独立の科に属している。幼虫は、主に山地の小川などの流水に暮らすが、時として水が流れ込む水温の低い池などにも生息している。オスは、なわ張りを張って、そのエリアを見回るように行ったり来たりしてパトロールする。交尾後のメスは単独で、腹部を浅瀬の砂に突き刺すようにして産卵する。オニヤンマを採るには、夏に小さな川や水たまりなどのある林道を探す。日中は目線よりも低い高さを飛んでいることが多い。夕方は、餌を捕るために林道などの開けた場所のやや高い空間を複数で飛びまわっている姿を見ることができる。しかし、非常に素早く空中を複雑に飛ぶた

池や沼にすむコサナエ（10）などがいる。

複眼が大きく発達して、大型種が多いのがヤンマ科である。幼虫が流水に生息するヤンマでは、コシボソヤンマ（11）という腰の付け根がくびれた種が知られている。

池や沼でよく見かけるのは、ルリボシヤンマ（04）とオオルリボシヤンマ（03）。たがいによく似ているが、胸の中央の淡色条（黄色の太い線）の先端が後ろに伸び細くなるのがルリボシヤンマ（写真①左）で、先がオノ状に広がるのがオオルリボシヤンマ（写真①右）。オオルリボシヤンマの方がより広い大きな池や沼を好む傾向がある。

さらに、夏の太陽の照りつける中、水面の上を飛び回る緑色のギンヤンマの美しさは格別だ。このトンボを採りたくて何度も

狙うが、ネットを持っているときに限って岸から離れた場所を飛ぶ。まるで、ネットの柄の長さを知っているようである。最も採るのが難しいヤンマの一つで、何日も通ってようやく採れたときはうれしいトンボだ。

全身明るい緑色のアオヤンマ（写真②）という美しいヤンマがいる。北海道では非常に珍しいトンボであったが、最近、石狩川周辺の河跡湖などにいることが分かってきた。ただ、このトンボはヨシなどの草の間

②捕まえたアオヤンマ。ブルーグリーンのラインが鮮やか

を飛ぶことが多く、採るのは難しい。

お盆ごろから秋にかけてフトイなどの生える沼で見られるのが、マダラヤンマ（05、06）である。このヤンマは小型だが非常にきれいな色をしている。

One Point Advice

◆トンボ採集のコツ

ヤンマ類は飛ぶのが速い。採集するときは、ネットを隠して、近づいて来るのを待ち、近づいた所を一瞬でスパッと後方から一振りですくい採るのが定石。ネットをメチャクチャに振り回してもなかなか採れない。逃がしたときは、また近づいて来るまで、ネットが見えないように構えて動かずにじっと待つ。

111

体長	分布	季節													食物
34〜42mm	北海道全域		1	2	3	4	5	6	7	8	9	10	11	12	小魚や昆虫
							ほぼ通年								

水陸両用、なんでも出来る！

ゲンゴロウ（別名ナミゲンゴロウ）(01、02)の背面は暗緑色で外縁に鮮やかな黄色の帯をもつ。オスの上翅はツルツルしているが、メスの上翅はちりめん状の細かい縦しわにおおわれる。オスは前脚が、吸盤状になっている。

ゲンゴロウというのは、水の中はスイスイ泳ぎ回ることができるし、成虫になれば空を飛ぶこともできる。蛹になるときは上陸して土中に潜る。産卵は水草に穴を開けて卵を産む。いろいろな環境をセットで使いこなす生態のため、水草が豊富で、周りが土の水深のある池や沼がないと生息できない。逆にいうと、水生植物のない、コンクリートなどで護岸された池や、外敵となるコイが泳いでいて隠れ場所のないような池だといない。ゲンゴロウは低地帯に分布が限られ各地で減少してきている。実際に、札幌市内などではほぼ絶滅状態になってきている。しかし、周囲の石狩市、江別市、恵庭市、千歳市、苫小牧市、厚真町などにはまだ生息している池や沼が残っている。道北や道東にも産地は局地的ではあるが生息が確認されている。

採集方法であるが、一番楽しいのはやはり水に入って網で直接すくうことだろう。この大きなゲンゴロウが網に入ってピョンピョンとはねる姿を見たときは、感激である。狙い目は生息条件のととのった環境の池で、池に浮いた流木の下や水面近くの草の根のきわなどにいることが多いので、そういう所をポイントにして丹念にすくう。「モンドリ」とか「魚キラー」などと呼ばれる、魚用のトラップに煮干しなどを入れて捕獲することもできる。その場合、空気の入った小型ペットボトルをトラップの中に入れて一部水面に浮くようにしてセットすると生かして採集できる。水に沈めて長時間トラップに捕獲されたままになるとゲンゴロウはおぼれて死んでしまう。水生昆虫であるが、時々水面に浮いて体に取り込んだ空気を交換することが必要なのだ。

幼虫は、細長い姿をしていて、尻の先は剣のような突起がある。肉食性で、他の小動物を捕らえ、消化液を注入して溶かして吸う。この幼虫にかまれると非常に痛く、腫れあがるので注意が必要。

北海道には、最も小型の2ミリメートルほどのチビゲンゴロウから大型のゲンゴロウまで大小さまざまな50種以上のゲンゴロウが暮らしている。最も目につくのは、池から水たまりまでいろいろな環境にいるヒメゲンゴロウ（写真②）。1センチほどの大きさで、茶色で、前胸のまん中に横長の黒い模様をもっている。大型の種では、ゲンゴロウよりも少しスマートな体型のゲンゴロウモドキ（写真①）という種が低地から山地の池に生息している。メスに2型あり、オスと同じく上翅がツルツルしているタイプと、上翅に深いすじが入るタイプがある。ゲンゴロウに比べると、いろいろな環境で見つかり、個体数もやや多い。

ゲンゴロウと混同されている甲虫にガム

④ゴマダラチビゲンゴロウ。チビゲンゴロウより少し大きいけれど、やはり極小の部類

⑤ガムシ。水中で見ると驚くほど色が違う

シ（03、写真⑤）がある。ゲンゴロウよりも厚みがあり、触角が短く先が球カンをつくる。ゲンゴロウの触角はヒモ状で先は太くならない。やや富栄養な池を好み、成虫は水草を食べている。幼虫は巻き貝を食べ、背中に貝をのせるくぼみがあって、そこに貝をのせてエビ状に反って食べるというが、まだ、食事風景は見たことがない。北海道にはもう1種大型のエゾガムシという種がいて、オスの前脚フ節（てのひらの部分）がより大きく三角に張り出すので区別できる。

One Point Advice

◆ゲンゴロウを飼ってみよう！

ゲンゴロウの仲間は結構飼いやすい。水槽に水を8割くらい入れて水草があればそれでOK。飛べるので、ふたをすることを忘れずに。エサは、金魚のエサや赤虫、煮干しなどをあげよう。両手でエサをつかんで食べる姿がかわいいぞ。

ガムシ(左)とエゾガムシ(右)では、オスの前脚ふ節の形が違う。エゾガムシのほうが大きく張り出しているのが分かる

池や沼で探そう

01 ニセモンキマメゲンゴロウ
02 キベリマメゲンゴロウ
03 クロマメゲンゴロウ
04 サワダマメゲンゴロウ
05 シマチビゲンゴロウ
06 ゴマダラチビゲンゴロウ
07 キボシツブゲンゴロウ

渓流にすむゲンゴロウ
一般に小型の種が多いが、中には黄色の紋を持つ美しい種もいる。河川が護岸されたりして数が減ってきているものが多い

渓流　どいつもちっちゃいゾ〜！

08 マルガタゲンゴロウ
09 コシマゲンゴロウ
10 ケシゲンゴロウ
11 ツブゲンゴロウ
12 ゲンゴロウモドキ♂
13 ゲンゴロウモドキ♀
14 エゾゲンゴロウモドキ♂
15 エゾゲンゴロウモドキ♀
16 ゲンゴロウ
17 コツブゲンゴロウ

池や沼　やっぱり定番！大型ゲンゴロウの生息地

池や沼にすむゲンゴロウ
ゲンゴロウは各地で減ってきている。ゲンゴロウモドキは、池や沼のほかに山地の池など道南を除く道内各地で見られる。エゾゲンゴロウモドキは局地的で、網走地方や渡島半島に分布している。網走地方ではゲンゴロウモドキと混生している。生きている時は、ゲンゴロウモドキの腹は黄色と黒の虎しまで、エゾゲンゴロウモドキは黄色をしているので区別できる

ゲンゴ

114

池や沼で探そう
湿原の歴史を刻む小さな甲虫

01　02　03　04　05

キヌツヤミズクサハムシ
Plateumaris sericea　　　ハムシ科　Chrysomelidae

06 ホソネクイハムシ　07 キンイロネクイハムシ　08 キタヒラタネクイハムシ　09 ニセヒラタネクイハムシ　10 シラハタネクイハムシ

11 イネネクイハムシ　12 ガガブタネクイハムシ　13 アシボソネクイハムシ　14 ヒラシマネクイハムシ　15 エゾオオミズクサハムシ

体長	分布	季節	1	2	3	4	5	6	7	8	9	10	11	12	食物
6〜9mm	北海道全域														スゲ類

花よりもカラフル

　初夏の湿原を歩くと、ハッとするほどきれいな小さな甲虫に出合うことがある。幼虫が湿地に生育する植物の根を食べて育つネクイハムシの仲間だ。北海道でもっともよく見つかるのは、キヌツヤミズクサハムシ（別名：スゲハムシ）（01〜05）。この種は、青、緑、赤紫、銅色とさまざまなカラーバリエーションがあって、どの色も金属光沢があって美しい。青い色彩はオスだけに出るようである。メスの方がやや大

キヌツヤミズクサハムシのペア

型で、太めの体型をしている。スゲの花が咲いているといろいろな色の個体が集まっていて、花よりもカラフルに見える。

　湿原に入るには、ぬかるんでいるので、ウエーダーなどの水に入るための専門用具が必要になるので、一般には昆虫採集が可能な湿地にかけられた木道の整備されている場所か、林道わきの湿地など長靴で入れるような浅い場所で探すのが良いだろう。初夏に出現するホソネクイハムシ（ガマ、ミクリ類葉）（06）、キンイロネクイハムシ（ミクリ類葉）（07）、キタヒラタネクイハムシ（08）やニセヒラタネクイハムシ（スゲの花）（09）、シラハタネクイハムシ（スゲの花）（10）などは、スゲやガマ、ミクリなどの背の高い植物に集まり、真夏に出現するイネネクイハムシ（11）とガガブタネクイハムシ（浮葉植物）（12）、アシボソネクイハムシ（コウホネ葉・花、ヒツジグサ葉・花）（13）などは、ヒツジグサやジュンサイ、コウホネなど水面

に葉が浮かぶ葉や花に集まるものが多い。道東や道北のミズゴケ湿原で見られるヒラシマネクイハムシ（14）はコバノギボウシの葉を食べている。それよりもやや大型のエゾオオミズクサハムシ（15）は湿原の各種植物の葉上で見つかる。

　初夏のネクイハムシを採るには、素手でも採れるが、ちょっとでも危険を感じると手足を縮めて下に落ちてしまうので、熱帯魚や金魚をすくう小さな網があると便利。小さな網を虫の下に持っていき、ポトリと落ちるネクイハムシを受ける。夏に出現するネクイハムシは敏感で、すぐに飛んで逃げてしまうので、採るのにはネットが必要。釣りで使う長いタモ網の網を目の細かいものに替えて使う。採り方は、そーっと網を近づけて、上からネクイハムシの止まっている葉にバサッとかぶせて採る。少々荒っぽいが、そうしないと逃げられてしまう。網に入ったネクイハムシは、死んだふりをして全く動かないことが多いが、油断すると、プーンとハエのように飛んで逃げるので注意。

ヒラシマネクイハムシのペア

One Point Advice
◆歴史の証言者

出土したネクイハムシの上ハネ

ネクイハムシの仲間は、きれいなだけじゃない！　湿原には泥炭といって、何万年もの長い時間をかけて枯れた植物が堆積して地層ができる。その地層の中に入っているネクイハムシの死がい（主にハネや頭などの破片）の種類から、その当時の湿地の気候や自然環境を再現することに役立っているんだ。

ヒツジグサの上にとまる
アシボソネクイハムシ
こういう姿を見ると神秘的なほど美しい

体長	分布	季節	1 2 3 4 5 6 7 8 9 10 11 12	食物
40～45mm(呼吸管を除く)	北海道全域		ほぼ通年	小動物、昆虫

細身のハンター

　セミやカメムシの仲間には、水の中に暮らす変わりものがいる。水生半翅類と呼ばれるアメンボやミズカマキリなどのグループだ。口がストローのような形をしていて、昆虫や他の小動物の体液を吸う。ミズカマキリ(01)は水中で、枯れ草や枝などにじっとつかまって、動かずに鎌のようになった前脚を広げ、オタマジャクシや他の水生昆虫などの獲物が目の前に来るのをひたすら待つ。獲物を捕らえたら、とがった口を突き刺し、消化液を注入して溶かして体液を吸う。

　ミズカマキリを採るときは、池や沼の草の生えている部分を狙い、その部分を下からガサガサと網ですくう。すくった網の中は、いろいろな植物の破片なども入ってしまうので、そのままじっと見つめて、動き出すのを待って捕まえるようにする。裏ワザとしては、水の中をかき回して水面をよーく観察してみよう。枯れ草と思っていたものがスーっと動きだしたり、中に潜っていた

①タマゴをびっしりと背負ったオオコオイムシ。ふ化が近いため、卵に幼虫の眼が透けて見える

水生昆虫が浮いてきたりする。北海道では、ミズカマキリともう一回り小型のヒメミズカマキリ(02、写真②)の2種が見られる。尻の先についている呼吸管は、ミズカマキリでは体長とほぼ同じ長さだが、ヒメミズカマキリでは、体長のほぼ半分と短いのが特徴である。

　メスがオスの背中に卵を産み、オスはその卵をふ化するまで背負うことで有名な、コオイムシ（子負虫）という名前の水生昆

虫がいる。北海道には2種いて、体がやや小型で、色が薄く前胸背板に1対の白帯があるのがコオイムシ(05)。やや大型で、色が暗く、前胸に白帯がない方がオオコオイムシ(06、写真①)である。どちらも生きているときでないと色などでは区別しづらい。正確な同定をするためには、オスの交尾器を見るのが確実である。道内広く生息しているのはオオコオイムシの方で、コオイムシは低地帯の限られた水域でしか確認されていない。

マツモムシを刺激するのは×

　水面にあお向けになり、長い脚をボートをこぐオールのようにして泳ぐのは、マツモムシ(03、写真③)。池や沼に最も普通に見られ、簡単に網ですくうことができる。子どものころ、このマツモムシをすくって、夢中になってフタ付きのコップに集めたことがある。何十匹目かにすくったマツモムシをにぎった瞬間、激痛が走って泣き叫んだ。何が起きたか分からなかったが、それまで何ともなく捕まえていたマツモムシに刺されたらしい。マツモムシの口は獲物に突き刺して、消化液を注入するのでこれに刺されるとスズメバチ以上に痛いので要注意。にぎったりしなければ、普段はおとなしい昆虫なので刺されることはない。高層湿原の池塘などには、もう一回り大型のキイロマツモムシ(04)が生息している。

③水中のマツモムシ。かわいらしい姿をしているが、肉食昆虫だということを忘れずに

One Point Advice

◆北海道のタガメ

北海道にはタガメという大型の水生半翅類の記録がある。きわめてまれで、過去に苫小牧市、厚真町、厚沢部町などで数例の記録があるだけで、絶滅が心配されている。オスはメスが水面近くの枯れ枝などに生みつけた卵塊をふ化するまで、餌もほとんど食べずに卵が乾かないように水分補給したりして付きっきりで世話をする。

②水面に浮いてきたヒメミズカマキリ。枯れ草によく似ているが、よく見ていると動き出すのでわかる

column #3

ガの幼虫は、ハデハデしい色から想像するより毒を持っているものは意外と少ない。しかし、中には例外もあるので注意すること！

触れてはいけないガの幼虫

　ガの幼虫といえば、毒のある毛を持っていると思われがちだが、多くのガの幼虫は毒など持っていなく、触ってもだいじょうぶな種がほとんどである。ただしキドクガやモンシロドクガ、マイマイガなど一部のガでは、刺毛という毒のある毛を持っていて、皮膚の弱い場所が触れるとかぶれたり、かゆくなったりする。また、イラガやクロシタアオイラガなどの幼虫は触れると激痛がはしるので、見ても触れないように注意しよう。

モンシロドクガの幼虫

マイマイガの幼虫

クロシタアオイラガの幼虫

イラガの幼虫

野外で危険な昆虫 II

甲虫をつぶさないように気をつけよう！

　甲虫類で、触れただけで体に影響があるようなものは、ほとんどない。しかし、刺激したり、誤ってつぶしたりして、その体液が皮膚につくと炎症を起こす甲虫はいくつかある。北海道で目に付く、細長い体型でオレンジ色の体とルリ色の上翅で目立つアオバアリガタハネカクシはペデリンという有毒物質を含んでおり、この液に触れると皮膚炎をおこす。灯火によく飛来する、カミキリムシに似たカミキリモドキの仲間は、灯火採集などで首筋などに止まっているのを間違ってつぶしてしまうと、体液にカンタリジンという有毒物質を含んでおり、体液のついた部分から水ぶくれができて、ただれ、長い間その患部がじくじくと痛むことになる。道内ではアオカミキリモドキやキクビカミキリモドキによる被害が多い。その病状から、ヤケドムシとかデンキムシなどとも呼ばれる。ツチハンミョウという、後翅の退化したハチ類に幼虫が寄生する甲虫も同じくカンタリジンを体液にもっており、注意が必要。

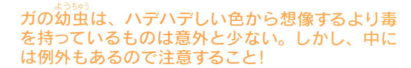
アオバアリガタハネカクシ

アオカミキリモドキ

川や海で探そう。

川や海で見つかる個性的な昆虫たち。

- オオイチモンジ
- ジャコウカミキリ
- ヒョウタンゴミムシ
- オオハサミムシ

part five

川や海で探そう

北国の憧れのチョウ！！

オオイチモンジ

Limenitis populi jezoensis　　タテハチョウ科　Nymphalidae

オオイチモンジ

①オオイチモンジ♂表

②オオイチモンジ♀表

開長	分布	季節	1	2	3	4	5	6	7	8	9	10	11	12	食物
63〜74mm	渡島半島を除く北海道							6	7						幼虫：ドロノキ、ヤマナラシ

全国からも、このチョウを目当てに人が集まる

北国のタテハチョウで一番の憧れは、今も昔もオオイチモンジ（C1、02）だと思う。学生の頃、後輩のチョウ屋とこのチョウを採集しに、現在は遠軽町の一部の丸瀬布町へ入ったことがある。その時、後輩が初めてこのチョウをネットインして、あまりの感激に手が震え、このチョウを三角紙に取り込むことができずに、「お願いだから先輩！ 三角紙にとりこんで」と頼まれたときのことを今でもはっきりと憶えている。

夏、ドロノキの生える河原や林道で出会うオオイチモンジは人をひきつける魅力がある。やや開けた場所を数回羽ばたいてハネを広げてスーッと滑空する姿は特徴的で一度見ると忘れられない。産地に行けば、オスが林道のキツネの糞に集まったり、河原や水たまりで給水している姿に出会えるが、メスはなかなか出会うのが難しい。しかし、最近は誘引するトラップが発達したことによりメスも採れるようになった。大雪山麓の標高のやや高い場所では黒化するタイプが出現し、クロオイチの通称で人気があり、全国から人が集まってくる。しかし、あまりにも多くの人が林道に入り、そのトラップの処理などでヒグマを誘引するなどの問題がおこり、上川町など道内の一部地域では誘引物を使ったトラップ採集が禁止になっているエリアもでてきている。

道内に広く分布していて、大雪山周辺や網走方面で個体数が多いが、渡島半島からは記録がない。根釧地方も古い記録があるが近年は見つからなくなってきている。

インセクトストライク

北海道は、山中にも舗装道路が張り巡らされていて、そこを走る車もスピードを出していることが多い。そんな場所と、このチョウの生息域が重なっていることも多く、よく車にぶつかり、道路わきに落ちているチョウをみかける。一度、大雪湖の近くを車で通過したとき、道路わきに落ちている黒いチョウがクロヒカゲにしては少し大きかったなと気になり、戻って確認したら、黒化型のオオイチモンジだった（写真右）。筆者が見つけた黒化した個体は、触角の先が少し欠けたこの一頭だけ。その時に、さらに落ちていないか道路わきを注意してみたら車に衝突して落ちたオオイチモンジが3個体も見つかった（写真下）。

山中を走る時は、エゾシカだけでなく昆虫にも配慮し、スピードダウンを心がけたい。

大雪山麓で拾ったクロオオイチ（通称）の表と同標本の裏（下）。

車にはねられたオオイチモンジ

動物の糞を吸うオオイチモンジ。

川や海で探そう

麝香(じゃこう)の香りはどんな匂い？

Aromia moschata ambrosiaca カミキリムシ科 Cerambycidae
ジャコウカミキリ

①ジャコウカミキリ
②エゾカミキリ
③キボシマダラカミキリ
④ヤマナラシノモモブトカミキリ

体長	分布	季節	1	2	3	4	5	6	7	8	9	10	11	12	食物
26〜31mm	渡島半島を除く北海道									7	8					ヤナギ類

● 日本では北海道にだけいる

　川の近くのヤナギ林に行くと出会えるカミキリムシがいる。その中でひときわ大きくて目立つのがジャコウカミキリ（01、写真①）。麝香の香りがするからそう呼ばれる。もし、見つけたら摘まんでその匂いをクンクンとかいでみてほしい。幼虫は生きたヤナギの木の芯を食べるため、このカミキリが発生しているヤナギ林は木が穴だらけになる（写真⑥）。日本では北海道だけに分布する種で、渡島半島からはまだ見つかっていないが、札幌以東では各地の河川周辺や畑の周囲のヤナギで真夏になると見つかる。オスはメスよりも細身で触角が長くなる。

　ヤナギには、エゾカミキリ（写真②）もつく。河原に生える若いヤナギの根際を丹念に探すと見つかることが多い。道東、道北の河川周辺の若いヤナギにはキボシマダラカミキリ（写真③）というちょっと変わったカミキリムシが生息している。メスはヤナギの生きた枝に産卵し、幼虫は枝にコブをつくるので、春先にヤナギの枝が膨れた部分を探すのがこのカミキリを見つけるコツ。

　太めのヤナギの幹をよく観察するとヤナギトラカミキリ（02）という灰色の樹皮そっくりなカミキリムシがついている。しかし、目が慣れないとなかなか見つからない。

　大雪山や日高山脈から流れ出す川のヤナギの流木で発生するオクエゾトラカミキリ（03）というカミキリがいる。札内川中流のケショウヤナギやカワヤナギの流木が中州に溜まった場所が有名産地。気温の高い昼間はかなり活発に飛び、流木の上を動き回るが、天候が悪い時は流木の下面にひっそりと止まっていて、樹皮と同化してなかなか見つけづらい。大雪山周辺の河原のドロノキやヤマナラシには、ヤマナラシモモブトカミキリ（写真④）というちょっと変わったカミキリも集まる。それらの樹種にはカラフトヨツスジハナカミキリ（写真⑤）も産卵にやってくる。本種は石狩川水系にも分布していて、河原に咲くさまざまな草花に来る。上川町や旭川市など上・中流部に産地が多いが、江別市や石狩市など下流部でも確認されている。

One Point Advice

◆ いなくなったカミキリムシ

北海道には、もう1種、黒っぽい灰色のトラカミキリが分布している。それが、クワヤマトラカミキリだ。1970〜80年代にはダケカンバやシラカバが積まれた土場で多くの個体が得られていたが、2000年以降はほとんど見られなくなってきている。食樹は道内各地にいっぱい残っているのになぜ見つからなくなったのか？写真は、以前に友人からもらった霧立峠の土場で1990年に採れた標本。まだ、野外で見たことのないカミキリの一つだけに、出会ってみたいなぁ〜

クワヤマトラカミキリ

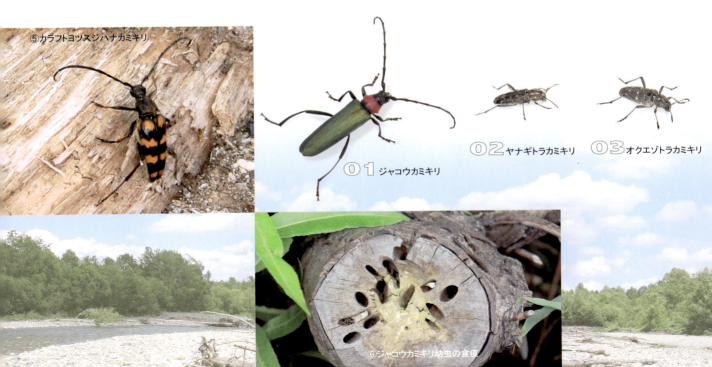

⑤ カラフトヨツスジハナカミキリ

① ジャコウカミキリ

② ヤナギトラカミキリ

③ オクエゾトラカミキリ

⑥ ジャコウカミキリ幼虫の食痕

川や海で探そう
ヒョウタンゴミムシ
Scarites aterrimus　　オサムシ科　Carabidae

海辺のハンター

① ホネゴミムシダマシ
② ハマベオオハネカクシ
③ コホネゴミムシダマシ
④ ハマヒョウタンゴミムシダマシ

体長	分布	季節	食物
15〜18mm	北海道全域、奥尻島	1 2 3 4 **5 6 7 8 9** 10 11 12	昆虫、節足動物

海辺にも色々な昆虫がいる

　海辺で昆虫を探した経験がある人は少ないと思う。しかし、北海道の海岸は海藻が打ち上げられる豊かな環境の一つ。昼間だと目立たないが、夜に打ち上げられた海藻を見て歩くと、ハマトビムシやハマダンゴムシが集まっている。それらに混じって、色とりどりのホネゴミムシダマシ（写真①）が動き回っている。その周りには、大アゴが発達した、いかにも捕食者という風貌のヒョウタンゴミムシ（0¹）やハマベオオハネカクシ（写真②）が隙をうかがっている。

　昼間は昆虫の姿はあまり見えなくなるが、いなくなったわけではない。みな、漂着物の下や砂の中に隠れているだけなのだ。その証拠に、海藻などをめくると下から小さなコホネゴミムシダマシ（写真③）や砂の模様にそっくりなハマヒョウタンゴミムシダマシ（写真④）が現れる。流木や板切れなどの下からは、キベリマルヒサゴコメツキ（写真⑤）や、スナムグリヒョウタンゾウムシなどが見つかる。ヒョウタンゴミムシは砂に潜っていることも多い。流木の下をシャベルや板切れで砂の表面を少しずつそぐように削っていくと、コロンと姿を現す。

　海岸近くに灯火があると夏にはコガネムシ類が飛来する。海岸で特徴的なのは白と茶色のおしゃれなストライプ模様をもつシロスジコガネ（02）や緑色をしたドウガネブイブイ（写真⑥）、ずんぐりとした体型をした南方系のヨツバコガネ（03）などに出会える。

漂着する昆虫たち

　海岸には海藻から魚や海鳥の死体までさまざまなものが打ち上げられる。海浜性の昆虫はそれらを餌に暮らしているものが多い。台風など大雨の後には、河川集水域から大量の樹木や土砂とともに陸上の昆虫たちも海へ流される。そして、河口近くの海岸に生きたまま漂着するものも多い。北海道でも、石狩川や鵡川で増水後の漂着物下から100種を越えるゴミムシが確認されており、中にはアトスジチビゴミムシ（写真⑦）やアオバネホソクビゴミムシなど、洪水の後でしか、なかなか見つからない種類もいる。

⑥ドウガネブイブイ

①ヒョウタンゴミムシ

02 シロスジコガネ

03 ヨツバコガネ

⑦アトスジチビゴミムシ

⑤キベリマルヒサゴコメツキ

川や海で探そう

尻にハサミを持つ虫

オオハサミムシ

Labidura riparia

オオハサミムシ科　Labiduridae

オオハサミムシ

①ハサミを振り上げて威嚇するオオハサミムシ
②ハマベハサミムシ
③花に集まるコブハサミムシ（ルイス型）
④キバネハサミムシ

体長	分布	季節	1	2	3	4	5	6	7	8	9	10	11	12	食物
20～31mm	北海道の沿岸部						●	●	●	●	●				節足動物

ハサミの形もいろいろ

　頭にツノやハサミがついている昆虫は、子どもたちにカッコイイと人気があるが、尻にハサミをもつハサミムシの人気はいまひとつかもしれない。でも、よく見たらオスとメスでハサミの形が違っていたり、同じオスでもハサミの形に変異があったりしてなかなか興味深い。

　海岸の漂着物の下から見つかるオオハサミムシ（01、写真①）は大型で体は赤みがかった明るい茶色。多くは見つかると素早く物陰に隠れようと逃げ出すが、中には尻のハサミを振り上げて威嚇する個体もいる。ハサミは付け根部分が離れ、湾曲が弱く直線状。

　砂浜の海岸ではもう一種、漂着物の下からハマベハサミムシ（02）が見つかる。時に砂に小さな空間をつくって卵を守っているメスが見つかることもある。翅がなく、体全体が光沢ある黒色で脚が黄色い。メスのハサミは直線状だが、オスのハサミは強く湾曲していて左右で非対照だ。

　北海道で見られるコブハサミムシのオスのハサミの形は、全体が"円形に湾曲"するアルマン型（03）と"くの字"状に湾曲するルイス型（04、写真③）の2型ある。上翅は暗褐色でその後方に後翅の一部が露出し、その部分が黄紋になる個体が多い。キバネハサミムシ（05、写真④）は和名のとおり上翅が明るい黄褐色で、後翅の露出部も明るい褐色。オスのハサミは長短があり、いずれも基部側で太くなる。コブハサミムシもキバネハサミムシも日中に樹木の葉上や草の上などで活動しているのを目撃できる。

　多くのハサミムシ類は基本的に夜行性で、昼間は石の下や樹皮の下に隠れていて、主に夜活動する。体がやや淡い黄褐色のクギヌキハサミムシ（06、写真⑤）は、オスのハサミは付け根から半分までが幅広くなり、長いものと短いものが出現する。

　エゾハサミムシ（07、写真⑥）は細身の体型と細いハサミが特徴。春先に群れて飛んでいる場面に出会ったことがある。小型のミジンハサミムシは大きな川の河畔に生息し、夜に灯火に集まる。

One Point Advice

◆自らが子の餌に

ハサミムシ類のメスは石の下などに巣穴をつくり、そこで卵を産んで卵や子の世話をしたり、外敵から守ったりする性質がある。中でも特異なのはコブハサミムシやキバネハサミムシなどの子育てで、母虫は餌をとらずに子どもの世話をし、最後は子どもに体を食べさせて、自ら子の栄養になるという壮絶な生態が知られている。

卵を世話するコブハサミムシ

⑤クギヌキハサミムシ

⑥エゾハサミムシのペア

01 オオハサミムシ♂

02 ハマベハサミムシ♂

03 コブハサミムシ♂（アルマン型）

04 コブハサミムシ♂（ルイス型）

05 キバネハサミムシ♂

06 クギヌキハサミムシ♂

07 エゾハサミムシ♂

column #4

ハチの威を借る虫たち

キタスカシバ

昆虫界で最も凶暴で恐れられているのが、人をも死に追いやる毒針をもつスズメバチ類だろう。そのスズメバチに似ることで、天敵から逃げのびている昆虫たちがいる。色や模様、形だけでなく、その行動や動きまで似せて弱肉強食の自然界で生き残っている。いくつかのハチとそれに似た昆虫たちを写真で紹介しよう。君はどれがハチでどれがハチの擬態種か区別できるか？すべてわかれば、かなりの昆虫専門家だ！！

ハチ：②モンスズメバチ、⑤キイロスズメバチ、⑧シダクロスズメバチ、⑨オオスズメバチ
ハチに擬態している昆虫：①オオトラカミキリ、③ヨコジマナガハナアブ、④トラフカミキリ、⑥アカウシアブ、⑦ジョウザンナガハナアブ

家の周りで探そう

美しい黄色と黒のコントラスト

キアゲハ
Papilio machaon hippocrates アゲハチョウ科 Papilionidae

①キアゲハ♂　　②アゲハ♀　　③ミヤマカラスアゲハ♂　　④ミヤマカラスアゲハ♀

開長	分布	季節	1	2	3	4	5	6	7	8	9	10	11	12	食物
60〜90mm	北海道全域、利尻島、礼文島、天売島、焼尻島、奥尻島														オオハナウド、ミツバ、セリ、ノラニンジン

黄色いアゲハと黒いアゲハ

キアゲハ（01）は、北海道では海岸から高山帯、住宅地周辺から山中まで広く生息するポピュラーなチョウ。卵は食草の若葉や花に産み付けられ、ふ化した1齢から4齢までの期間の幼虫は、黒地に白い模様のついた鳥の糞に似た姿をしている。5齢の終齢幼虫になると緑地に黒い帯とオレンジの斑点をもつ鮮やかな色に変わる。この幼虫をつついたりして驚かすと、頭部から臭角と呼ばれるにおいの出るオレンジ色の突起を出して驚かす。年に3回ほど世代交代し、春に発生する個体は春型と呼ばれ小型で、夏世代は大型になる。成虫は、ツツジ類やアザミなど各種の花を訪れ、オスは山頂に集まる習性があるので、天気の良い日に山の頂上で網を持って待っていると次々と風に乗って飛んでくる。

キアゲハによく似ているアゲハ（別名ナミアゲハ）（02）は、サンショウなどのミカン科の植物を食樹としている。色が淡く、前ハネの基部がしま模様になっていることで区別できる。北海道にはそのほかに、ミヤマカラスアゲハ（03〜05）、カラスアゲハ（06〜08）、オナガアゲハなどの黒色系のアゲハチョウが知られている。中でも北海道産の春型のミヤマカラスアゲハは青色と緑色のりん粉が発達していて美しく、全国にファンが多い。北海道産のミヤマカラスアゲハは後ハネの裏の外側に白い帯をもつが(05)、カラスアゲハ(08)ではこれを欠き黒いので区別できる。3種とも、林道などにできた水たまりで吸水に集まっているのを見かけ

キアゲハの幼虫。臭角を出している

アゲハチョウの幼虫

るが、尾状突起が長いオナガアゲハは個体数が少ない。オナガアゲハのオスは後翅の付け根に白紋をもっている。

ときに、数十匹の集団吸水を見かけることがあるが、それを一網打尽にしようと慎重に近づいても、たいていは、その前に何匹かのチョウが気配に気づき、逃げられることが多い。それに、その大集団のチョウを夢中になってネットですくっても、中で多数のチョウが暴れ、ボロボロになってしまう。もし、そんなチャンスに巡りあったときは、ネットの底を持って上からそっと網をかぶせるか、周囲に飛んでいる個体を1匹ずつ選びながら採る方が良い。採集に失敗した時は、しばらく時間をおいてから、吸水していた場所をまた見に行く。そうすると、チョウが吸水に集まってきているので、あきらめずに再挑戦しよう。メスは吸水には集まらないので、花に吸蜜にきたときを狙うか、食樹の周囲を飛んでいるのを探す。

One Point Advice

◆アゲハチョウ採集の裏技
カラスアゲハやミヤマカラスアゲハなどアゲハチョウ類を採るには、赤い網を使うと良い。赤い網を持っていると向こうから近寄ってくることがある。黒いアゲハチョウ類は、ツツジやユリなど赤い花を好むからだろうか。チョウの種類によって好む色が違っており、有名なところでは、オオムラサキに黄色ネット、ヒメギフチョウに青ネットなど、狙うチョウによって網の色を変えると良いようだ。

05 ミヤマカラスアゲハ♀裏　06 カラスアゲハ♂　07 カラスアゲハ♀　08 カラスアゲハ♀裏

133

家の周りで探そう

01 エゾシロチョウ ♂

02 エゾシロチョウ ♀

北海道の初夏を告げるチョウ

エゾシロチョウ
Aporia crataegi

シロチョウ科 Pieridae

開長	分布	季節	1	2	3	4	5	6	7	8	9	10	11	12	食物
65mm前後	北海道全域、利尻島、天売島、焼尻島							●	●						エゾノコリンゴ、ナシ、ボケ、シウリザクラ、ナナカマド

北海道限定のチョウ

　6月になると、特定の木の周りにヒラヒラと白い紙ふぶきのように舞っている白いチョウがいる。日本では北海道のみに分布しているエゾシロチョウ（01、02）だ。野山から都心部の緑地までいろいろな環境で見られる。6月に成虫が現れ、オスはメスよりも早く羽化してメスの新成虫が羽化してくるのを待つ。そうやって、羽化が始まっている発生木の周りには多くのオス成虫が飛び回っている。交尾後、メスは食樹の葉の裏にやや細長い、黄色の卵をきれいに並んだ卵塊として産み付ける。ふ化した幼虫は、集団で糸をはいて簡単な巣をつくり、葉を食べて成長する。秋遅くには、葉を数枚つづり合わせて越冬用の巣をつくり、その中で越冬する。翌春、芽吹きが始まると、休眠から覚めて芽や若葉を食い、急速に成長しはじめる。そのころの幼虫は全身毛でおおわれた毛虫で、見た目はガの幼虫のように見える。このころになると、幼虫は集団を続ける場合と、単独になる場合とがある。その後、木の枝や周りの構造物の壁などで蛹になり、6月には羽化して飛び回る。

　成虫は、タンポポ、ムラサキツメクサ、チシマアザミなどこの季節に咲くいろいろな花を訪れる。また、林道の水たまりなどで数十から数百匹にも及ぶ集団を見かけることもある。これは、吸水に集まっているエゾシロチョウで、すべてオスの集団。

　エゾシロチョウが飛ぶ季節に、野山で似たようにフワフワと飛ぶアゲハチョウの仲間がいる。ウスバシロチョウとヒメウスバシロチョウの2種であるが、尾状突起もなく色も白黒の原始的なアゲハチョウの仲間で、パルナシウスという北方系の属のチョウである。通称「パル」と呼ばれ、各地で変異があり、人気が高い。大雪山に生息する天然記念物のウスバキチョウもこの仲間。幼虫は高山植物のコマクサを食べている。このチョウの採集はもちろん禁止されているので、大雪山に登る機会があったら、カメラを持っていって写真を撮ろう。黄色に真っ赤な目玉模様が美しいチョウで、高山の風景に映える。

エゾシロチョウの産卵風景

卵からフ化するエゾシロチョウの幼虫

エゾシロチョウの幼虫

岩かげで羽化するウスバキチョウ

羽化直後のエゾシロチョウ

One Point Advice

◆何でだろう！？

　エゾシロチョウはハネが真っ白なのがオス、ハネのりん粉が落ちてやや半透明に見えるのがメス。メスはオスに背後からアタックされるため、りん粉が落ちやすい。よく観察すると、ハネを広げて腹を持ち上げた姿勢のメスにオスがアプローチしているのを見かける。このメスのポーズ、実は交尾拒否を意味しているんだ。

エゾシロチョウのペア

家の周りで探そう

勢力広げる外来種

Pieris brassicae
オオモンシロチョウ
シロチョウ科 Pieridae

01 オオモンシロチョウ ♂
02 オオモンシロチョウ ♂裏
03 オオモンシロチョウ ♀
04 モンシロチョウ ♂
05 モンシロチョウ ♂裏

	開長		分布	季節	1	2	3	4	5	6	7	8	9	10	11	12		食物
	52〜60mm		北海道全域、利尻島、礼文島、天売島、奥尻島															ダイコン、キャベツ、ハルザキヤマガラシなどアブラナ科植物

モンシロチョウだと思っていたら…

最近、北海道の野山を飛び回っているモンシロチョウが大きいのに気づいただろうか。実は今、身の回りで見られるのはモンシロチョウ（04、05）ではなくほとんどがオオモンシロチョウ（01、02、03）という近年外国から侵入してきた一回り大きなチョウに入れ替わっているのだ。オオモンシロチョウは1995年ごろに後志地方で見つかり、わずか数年で道内各地へ広がり、今では海岸から高山帯までその勢力を広げている。北海道でも最も普通に見かける白いチョウといえば、オオモンシロチョウになってしまった。

モンシロチョウとは大型でハネの先端がとがること、ハネの先端の黒斑がモンシロチョウより発達して外側の縁の半分以上を占めること、オスの前ハネ中央に黒紋がないことなどで区別できる。卵は高さ1㍉㍍ほどで、数個から100個くらいまとめて産卵する。幼虫は体長が40〜50㍉㍍ほどで、うすい黄緑色をしていて小さな斑点状の黒斑を持つ。モンシロチョウは畑の周囲をヒラヒラと飛ぶが、オオモンシロチョウはもっと勢いよく樹林地を含めて少し高いところを飛びまわる。ハネの裏はモンシロチョウではうすい黄色、オオモンシロチョウでは少しだけ黄緑色がかって見える。

道内には、そのほかにハネの翅脈が黒いスジグロシロチョウ、エゾスジグロシロチョウの2種が知られていたが、さらに後者の札幌以南の北海道南西部と本州以南のものはヤマトスジグロシロチョウという別種であることが近年のDNAの研究などで分かってきているが、外見での区別は難しい。

虫を捕まえ、においをかいでみると意外な発見がある。スジグロシロチョウのオスを捕まえたらぜひにおいをかいでみよう。レモンのようなさわやかな香りがする。一度経験すると、このチョウを採るたびに、においをかいでしまうくらい良いにおいだ。

あと、身近に見られるのは何と言ってもモンキチョウであろう。春から秋遅くまで何代か世代を繰り返し、公園の芝生や空き地などで飛んでいる姿を見かける。通常は、オスのハネは黄色でメスのハネは白い。しかし、少数のメスではオスと同じ黄色のタイプもいる。成虫は、幼虫の食草になっているアカツメクサやシロツメクサなどクローバー類の花によく訪れる。メスは、明るい環境で背の低い食草を選び、素早く腹を曲げて葉に卵を産み付ける。

One Point Advice

◆それはちょっとイヤだなぁ〜！
ダイコンやキャベツなどのアブラナ科の野菜の害虫として有名であるが、幼虫は農薬に弱く農業被害は今のところそんなに大きくはなっていない。葉に農薬が残留していると与えた幼虫が死ぬことがあり、市販のキャベツなどを与える場合は注意が必要。でも、そんな野菜はちょっと遠慮したいなぁ〜。

②

①

③

①マリーゴールドの花にとまるオオモンシロチョウ
②オオモンシロチョウの幼虫
③オオモンシロチョウのペア

137

家の周りで探そう

大群で飛び交う真っ赤なトンボ

Sympetrum frequens アキアカネ
トンボ科 Libellulidae

①顔まで赤いナツアカネのオス（大野雅英氏撮影）
②ミヤマアカネのオス
③愛称"クルマトンボ"とは、このノシメトンボのこと
④ミヤマアカネのメス

体長	分布	季節	1 2 3 4 5 6 7 8 9 10 11 12	食物
35～41mm	北海道全域		6 7 8 9 10	小昆虫

夏生まれなのに"アキアカネ"？

　夕焼け小焼けの赤とんぼのトンボは、アキアカネというトンボと考えられている。名前から秋に出てくるトンボのように思えるが、アキアカネは、主に低地の田んぼや水たまりなどで初夏から夏にかけて羽化する。羽化した直後の成虫は、未熟で色も黄色っぽく柔らかい。羽化した新成虫の多くは、数日水辺近くの樹林地などに集まって小昆虫などを空中で捕らえて食べ、エネルギーをたくわえてから涼しい山地へ移動する。夏場は山地で暮らし、小さなカなどを捕らえて食べ体を成熟させる。秋になって、赤く成熟した成虫は数千から数万という数で里におりてくる。そのため、秋になると急に赤とんぼの数が増え、秋に出てくるトンボに見えるためアキアカネと呼ばれるようになったようだ。アキアカネによく似た種にナツアカネ（写真①）というトンボがいる。このトンボは夏から秋まで低地で暮らす。両種を見分けるには、胸の横中央の黒条（黒い太い線）が太く先が水平に太いまま切れるのがナツアカネ、黒条の先端が細くなるのがアキアカネ。野外で見つかるのは、圧倒的にアキアカネが多く、北海道ではナツアカネはなかなか見ることはできなくなった。オスの顔が真っ赤に染まるナツアカネは、子どものころはもっと見かけたと思うのだが、どうして減ったのだろう。その代わりに、昔はそんなに多くなかった、子どもたちの間では"クルマトンボ"という愛称で呼ばれているハネの先がこげ茶色のノシメトンボ（写真③）の数が増えている。現在、北海道の住宅地周辺や農村など身の周りでもっともよくみかけるトンボは、このアキアカネとノシメトンボの2種となっている。最近の管理された水田などでは、この2種ばかりが発生している。他のトンボに比べて環境の変化などに強いようである。最近少なくなってきたトンボにもう1種ミヤマアカ

⑤腹が太く、ハネに特徴的な紋を持つヨツボシトンボ

⑥シオカラトンボのペア。前がオス

ネ（写真②、④）というトンボがいる。以前は、田んぼのあぜなどにいっぱい見られたが、最近は見る機会が減ってきている。小型で、ハネの先のちょっと手前に茶色の帯をもち、オスは全身真っ赤になる美しいトンボだ。池の周りでは、腹が太くハネの前縁に模様をもつヨツボシトンボ（写真⑤）の姿を見ることができる。あと、なじみのあるトンボと言えば、オスが成熟すると青白くなるシオカラトンボ（写真⑥）がある。メスは茶色でムギワラトンボなどとも呼ばれている。

　アカネ類のオスとメスは体型や色、腹端の交尾器の形が違うほか、メスの腹部の下面は白い毛が生えているので、区別できる。

　トンボ採りと言えば……昔、売っている虫採り網もすぐ壊して、まともな虫採り網をもっていなかった時、竹の先に針金で輪だけつくって、それをもってトンボを採ったことを思いだす。針金だけで、どうやってトンボを採るのか。そこは、一工夫して、近くにあるクモの巣をその針金の枠で一振りして移し取り、その「網」でトンボを採るのだ。でも、採ったトンボのハネにクモの糸がくっついてしまうのが難点だった。

One Point Advice

◆海を渡るトンボ

夏〜秋になると、海を越えて本州以南から渡ってくるウスバキトンボや、大陸から飛来するタイリクアキアカネやオナガアカネなど、外国から北海道へ渡ってくるトンボがいる。海を渡ってくるトンボは、後翅が幅広く長距離を飛ぶのに適した形をしていることが多い。

ウスバキトンボ

水田を飛ぶアキアカネのペア

家の周りで探そう

北国の演奏家(えんそうか)

Teleogryllus yezoemma コオロギ科 Gryllidae

エゾエンマコオロギ

エンマコオロギの名は、顔の模様がエンマ様に似ているからだとか…

①エゾエンマコオロギのメス。優しい虫の音は、実はオスだけのもの。メスは、細く真っすぐな産卵管を持つ。エンマコオロギよりも黒っぽい

②エンマコオロギの顔。目の上の黄色い紋が違う。エンマコオロギの方が体色も薄い

体長	分布	季節	1	2	3	4	5	6	7	8	9	10	11	12	食物
20mm前後	北海道全域									8	9	10			雑食性

鳴くのはオスだけ

　夏になるとどこからともなく家の近所の草むらや空き地からコロコココロコロリーという優しい音色の虫の声が聞こえてくるようになる。声の主はエゾエンマコオロギという大きめのコオロギ。正面から見た顔の模様がエンマ大王のようにこわい顔をしているからこの名がついたと言われている。卵で越冬し、春にふ化して急速に成長し、夏には羽化して成虫になる。幼虫は体全体が黒く、腹部の付け根近くに白い帯が出ることが多い。成虫になるとこげ茶色で、ハネをもつ。メスは細く真っすぐな産卵管をもっていて（写真①）、その産卵管を地面にさして、土の中に卵を産む。コオロギ類は右前ハネを上に重ねるようにたたみ、鳴くのはオスだけ。ちなみに、キリギリス類では左前ハネを上に重ねている。コオロギのオスは、前ハネを少し立てて、ハネの縁にあるギザギザの部分をこすり合わせて振動させ、ハネの薄い部分を共鳴させて大きな鳴き声として奏でる。コオロギの鳴き声はいろいろな種類があり、「ひとり鳴き」「くどき鳴き」「おどし鳴き」など、相手によって鳴き分けることが知られている。

　エゾエンマコオロギを探すには、夜鳴いているところを探す方法もあるが、なかなか鳴いている姿を探すのは難しいのが現実。昼間、このコオロギが好む、草がまばらに生えたやや乾燥した荒れ地で、落ちている石や板切れをひっくり返すのが良いだろう。日中は、それらのシェルターの下に隠れていることが多い。

　北海道の南西部にはもう1種、エンマコオロギ（写真②）という種がいる。両種とも顔を見てみると目の上に黄色のまゆのような紋を持っているが、その紋がエゾエンマコオロギでは細く小さく、エンマコオロギでは、太くはっきりとしているのが特徴。エンマコオロギの方はより乾燥した環境を好み、体色も薄い色をしている。

鳴く虫の女王（？）―カンタン

　夏から秋にかけて、ヨモギやクズなど植物の上で、ルルルルル・ルーーーという澄んだ声で鳴く、細身で白っぽい変わった形のコオロギの仲間がいる。その声は、日本の鳴く虫でトップクラスの美声の持ち主で、"カンタン"という虫だ。その音色の優雅さ、優しさから「鳴く虫の女王」とも称されるが、鳴いているのはすべてオスである。カンタンのオスは、葉に開けられた穴やすき間で鳴く習性があるので、鳴いているときはそのような場所をチェックすると見つけやすい。発生の初期は主に夜鳴くが、発生の後半になると日中も盛んに鳴くようになる。メスはヨモギの茎などに産卵管を突き刺して、植物に卵を産み付ける。

カンタンのペア

カンタンの幼体

One Point Advice

◆コオロギはおいしいのだろうか？
今ペットショップに行くと、ヨーロッパイエコオロギやフタホシコオロギの幼虫がたくさん売られている。これらのコオロギはトカゲやカエルが大好きなエサとして売られている。さらに、東南アジアの屋台をのぞいてみると、油で揚げたコオロギが山盛りに積まれて売っている。こちらの方は、人が食べる食材。おいしいかどうか気になるがまだ食べたことはない。

明るい色彩のエンマコオロギのメス

家の周りで探そう

陸海空の三界と地中を制した昆虫

土中のトンネルで暮らすケラ 体は意外なほどやわらかい

ケラ

ケラ科　Gryllotalpidae
Gryllotalpa orientalis

ケラの顔のアップ。前から見るとまるでモグラのよう？

水面を泳ぐケラの幼体

体長	分布	季節	1	2	3	4	5	6	7	8	9	10	11	12	食物
30mm前後	北海道全域														雑食性

"鳴くミミズ"の正体は？

前足の先端はギザギザにとがり、平たく変形していて一見モグラを連想させる昆虫であるが、コオロギに近い仲間である。頭は小さくとがり、尻の先に2本の尾をもつ。後ろ脚は、ほかのバッタのように発達せず、体に沿うようにできており、狭い穴の中で動き回るのに都合良いようにできている。体の表面にはビロード状の細かい毛がはえ、土などが表面につかない構造になっている。後ハネは腹端を超えるほど長く、飛ぶことができる。ケラは土に潜るだけでなく、空も飛べるし、水面を泳ぐこともできる、陸海空の三界を自由に動き回れるという、実はスゴイ昆虫である。

夏の暑い夜に、地面からジーという単調な鳴き声が聞こえることがある。昔の人は地面の中から聞こえてくるため、ミミズの鳴き声と勘違いしたようだが、ミミズは決して鳴いたりはしない。地中から聞こえる鳴き声の正体はケラである。ケラはオスもメスも鳴くことが知られている。土中で、草の根などを主に食べているようだが、小昆虫なども食べる雑食性。

ケラの採り方だが、畑や花壇を耕したりすると採れるのだが、それは採集というより農作業そのものである。灯火に飛来する性質があるので、外灯に飛んできてその周囲にすみ着いていることが多い。外灯の近くの土の上に落ちている板切れや朽ち木などをめくるとその下にトンネルを作って暮らしているのが見つかる。

以前、一般の方から、変わった虫がいたのだけれど、なんという虫か教えて欲しいという電話があった。頭がとがっていて、尾が3本。悩んだ末、結局分からずに持ってきてもらった。持ちこまれた虫は、ケラであった。持ち込んだ人は、40代の男性であった。もう、大人でもケラを今まで見たこともなく育っているということがあるようだ。確かに、近年は、地面がアスファルトやコンクリートで固められているところが多くなってしまって、以前に比べると、住宅地の周辺でもケラを見ることが少なくなった。しかし、今でも、農村地帯や池の周りなど草の生えた土のある場所へ行くと、その姿を見ることができる。水辺には、ケラにちょっと似た形のすごく小さなノミバッタという種がいる。後ろ脚が太く、ピョンとはねるので、見失わないように注意。

地面のほとんどがアスファルトやコンクリートで固められているため、最近では大人でもケラを知らずに育っている場合が多い。虫がすみにくいということは、本当は人間にとっても住みにくいはずだけど……

①灯火に飛んできたケラ
②ノミバッタ。湿地の周りでよく見られるが、小さいので地面にしゃがみこんで、よーく探さないと見つからないぞ

One Point Advice

◆ケラを見つけたら……

ケラを見つけたら、一度は軽く手でにぎってみよう。にぎった手の中に空間ができるように、あくまでも軽くね。指の間をギザギザの前足でぐいぐいと掘って出てくるため、モゾモゾとちょっとくすぐったくて心地よい。さあ、ケラを見つけたらチャレンジしてみよう!!

モゾモゾ……!

143

家の周りで探そう

クロヤマアリ
Formica japonica アリ科 Formicidae

最も身近なミクロ昆虫世界への入り口

01 クロヤマアリ
02 クロクサアリ
03 アシナガアリ
04 クサアリモドキ女王アリ
05 アカヤマアリ
06 アズマオオズアリ兵アリ
07 カドフシアリ
08 アメイロアリ

体長	分布	季節												食物
4.5〜6mm(働きアリ)	北海道全域		1	2	3	**4**	**5**	**6**	**7**	**8**	**9**	**10**	**11**	12	雑食性

庭先の働き者

雪解け直後から家の周りの日当たりの良い地面で忙しそうに歩き回る黒いアリの姿が目に付くようになる。テントウムシの死がいやカラマツの枯れ葉などをくわえたり引きずったりして巣穴へ運んでいる姿はずっとながめていても飽きないものだ。巣の外で忙しく動き回っている働きアリはすべて、メスである。ただし、通常は卵を産むことなく女王アリの産んだ卵を育てるのに一生をささげる。アリの世界では労働寄生といって、自分の手で子どもを育てることをせずに、ほかの種のアリのコロニーを襲って労働力を狩り、そのアリに子どもを育てさせる種類もいる。また、アリ以外にもアリの巣には多くの昆虫の「いそうろう」が知られている。それらをまとめて好蟻性昆虫と呼ぶ。ハケゲアリノスハネカクシ(写真①)という変わった形のハネカクシは、春から秋までクロヤマアリ(01)の巣にいそうろうをして、冬場はクシケアリの巣へ移るという変わった暮らしをしている。季節によって、大家さんを替えているのだ。このアリには、アカアリヅカエンマムシ(10)という小さな変わった形のエンマムシもいそうろうしている。似た種に色の黒い一回り大きなクロアリヅカエンマムシ(11)も知られている。

木のウロに大きな巣を作るクロクサアリ(02)という行列をつくるアリがいる。このアリは、触れるとサンショウのようなかんきつ系のにおいがするが、人にとっては嫌なにおいではない。このアリの巣には、シナノセスジエンマムシ(12)やアリクイエンマムシ(09)、オオクサアリハネカクシ(13)、アカアシクサアリハネカクシ(15)など多くの「いそうろう」昆虫が暮らしている。これらの甲虫には最近新種として見つかったものも多い。キイロケアリ類の巣からはクマハネカクシ(14)(*Pella horii* Maruyama, 2006)という種も記載された。どうも和名は筆者のニックネームから名づけられたらしい。

クロヤマアリの探し方とか採り方と言っても、家の周りで日当たりの良い地面を探せば、簡単に見つかるアリなので心配いらない。ここでは、女王アリの採り方を紹介しよう。飼育して、子育てを観察するには、女王アリが必要となる。夏の終わりごろに、女王アリは羽アリとなって巣から飛び出すので、それを捕まえるのが一つの方法。それ以外の時期は、巣を掘り返すことになるが、思った以上にこのアリの巣は深く、地下1㍍以上の深さがある。そこで、巣の入り口に素焼きの植木鉢を逆さまにしてかぶせて置いておく。特に春先、アリは温かい地表近くに幼虫や女王を移動させる習性がある。そのため、しばらくしてそれを開けると、温かくなった鉢の裏に多数のアリが動き回っているはずだから、その中に大きな女王アリが見えたら丸ごと捕まえるとよい。

山に行くと、地面にマツの葉や小枝などがこんもりと盛り上がるように積みあがっているのを見たことがあるだろうか。エゾアカヤマアリやケズネアカヤマアリなどの巣だ。攻撃性の高いアリなのであまり手出しをしないほうが良い。石狩海岸にはエゾアカヤマアリのスーパーコロニーといって、何キロにもわたってつながった巣があり、世界的に有名である。

①クロヤマアリの巣にいそうろうするハケゲアリノスハネカクシ

One Point Advice

◆北海道の野生動物をささえている"ムネアカオオアリ"

アリなんて食べても腹の足しにならないだろうと思うだろうが、集まればけっこうな量になるもの。北海道の野生動物の重要な食料源にもなっている。ヒグマは夏に好んで巣を掘り起こしてアリを食べる。クマの胃の中から何キロものアリが出てきた例もある。天然記念物のクマゲラという黒くて頭の赤い大型のキツツキは、よく立ち木に大きな縦の溝を掘る。こんなに苦労して掘るのはなぜか。それは、木の中に入っているムネアカオオアリを食べたい一心で掘るのだ。冬にクマゲラのふんを見つけると、そのアリがぎっしりと詰まっていて、いかに重要な食料かが分かる。

アリの巣にいそうろうする甲虫たち
⓪⑨アリクイエンマムシ
①⓪アカアリヅカエンマムシ ①①クロアリヅカエンマムシ
①②シナノセスジエンマムシ ①③オオクサアリハネカクシ
①④クマハネカクシ ①⑤アカアシクサアリハネカクシ

ムネアカオオアリを食べるために掘ったクマゲラの食痕

145

column #5

海外から入ってきた外来種のみならず、本州以南から入ってきた種類-国内外来種も多く確認されている。

カブトムシ

オオモンシロチョウ

　最近よく耳にする外来種問題というのがある。本来生息していない種類の生き物が、侵入してきて定着繁殖することにより、元々すんでいた生き物が減少したり、いなくなってしまったりする問題である。哺乳類のアライグマや魚のブラックバスやブラウントラウトなどで一躍注目されるようになったが、昆虫でも多くの外来種が侵入してきている。海外から入ってきた外来種のみならず、本州以南から入ってきた種類も多く確認されており、国内外来種と呼ばれている。

　道内で近年見られるようになった外来昆虫のうち、カブトムシとオオモンシロチョウに関してはすでに掲載してあるので、今まで登場してきていない外来昆虫を中心に紹介しよう。

北海道へ侵入してきた

コルリアトキリゴミムシ

コルリアトキリゴミムシ *Lebia viridis*

　体全体が明るいブルーメタリックに輝く小型の美しいゴミムシであるが、北アメリカから侵入してきた外来種である。北海道の記録は、1992年松前町で発見され、2003年に奥尻島、2004年に江別市から確認された。道内各地に広がっていると考えられる。荒れ地に生える帰化植物のメマツヨイグサの葉や茎の上に生息する。メマツヨイグサにつくアカバナトビハムシの幼虫を餌としていると推定される。

オオタコゾウムシ

オオタコゾウムシ *Hypera punctata*

　北海道の記録は、2002年に松前町で確認されたのが最初である。2004年に入って、札幌市周辺でも確認されるようになった。ゴルフ場の芝などについて北海道に入り、拡散していると推定される。

北海道へ侵入してきた**外来昆虫**

キンケクチブトゾウムシ *Otiorhynchus sulcatus*

　北海道では、札幌市で1993年に侵入が確認されたのが最初である。その後、瞬く間に全道に広がった。本種は飛ぶことができず、メスのみで単為生殖して増える。森林の奥では見られず、多少人手の加わった人工的な環境で多くみられる。

キンケクチブトゾウムシ

セイヨウオオマルハナバチ *Bombus terrestris*

　本来は、ハウス内でのトマト栽培などで受粉の役を務める有益な昆虫であったが、その管理が徹底していなかったため、野外に逃げ出した個体が繁殖し、道内各地で定着しはじめている。在来のマルハナバチ類との競合や、野生植物の受粉等への影響が懸念されている。特定外来生物に指定されている。

セイヨウオオマルハナバチ

外来昆虫

スイセンハナアブ *Merodon equestris*

　海外から、スイセンの球根などとともに侵入したハナアブ。園芸植物の球根を食害する。近年、札幌市周辺で急激に個体数が増加してきている。

スイセンハナアブ

これ以上外来昆虫を増やさないために…

　外国産や道外の昆虫を飼育するときは、最後まで責任をもって飼育することを心がける。途中で野外に放すことは絶対にやめよう。

column#6

樹液採集のコツ

　本州を中心にして書かれている図鑑類には、クワガタムシやカブトムシが集まる樹液の出る木としてクヌギやアベマキなどがよく紹介されている。しかし、北の大地である北海道には、それら暖地に生育する樹木は分布していない。代わってミズナラやハルニレという樹木が出す樹液にミヤマクワガタやコクワガタなど多くのクワガタムシが集まる。樹液は夏になって気温が上がらないとなかなか出てこない。また、森の奥深くにある木よりも森の縁や道路沿いにある日当たりの良い木が樹液をよく出す。これは、林の縁の木は風当たりが強く傷がつきやすいのと、日当たりが良いので光合成が盛んに行われ、葉で作られた栄養が根に送られる途中幹の傷から染み出てくるために樹液の量も多くなるため。樹液の出ている場所には、クロヒカゲやヒメキマダラヒカゲなどのチョウやスズメバチ類、アオカナブンなどが活発に飛び回っているので、それらの昆虫が集まっている時は、注意して探してみるとクワガタムシが集まるよい樹液が出ていることが多い。慣れれば、発酵した樹液の甘酸っぱいにおいでも樹液が出ているのが分かる。もし、樹液の出ている良い木を見つけたら、ルッキングで木の根元から枝先まで丹念に探し、揺らさないように注意して1匹ずつ網で採り、最後に幹の適当な高さを足でゴンゴンとけってみる。そうすると、見落としていた個体がバラバラと落ちてくることがある。その時は、ける役と落ちた場所を確認する役を分担したほうが効率良くみつかるので、複数での採集が良いだろう。ただし、この方法は、下がやぶでなく土や芝生のような見やすい場所でしか役立たないので、場所を選んで実践していただきたい。また、非常に良い樹液の出ている木は、既にクワガタムシ採集のポイントとなっていることも多く、樹液を出す樹木の下へ踏み跡が付いていて道が出来ていることがよくある。道路わきのミズナラやハルニレの前の草原やブッシュにけもの道のような人の踏み跡がついていたら、その先に樹液を出している木があることが多い。ただし、そういう木は大切にしている人がいるので、根元の土を掘ったり、幹を傷つけたりしないように気をつけよう。

北海道の樹液採集（じゅえきさいしゅう）

【クワガタムシの集まる樹木】

ハルニレ

　樹皮は細かくしわが刻まれ、枯れた枝がシカの角のように残っていることが多い。葉の外縁は全体に細かい鋸歯がある。先端に何本も切れ込みが入っているのはオヒョウ。ハルニレは樹液量が多い樹種で、樹液が多量に出ていても発酵しておらずクワガタムシやチョウなどが集まらない場合もあるので、虫の集まり方やにおいで良い樹液かどうかをチェックするようにする。

ハルニレの全景

ハルニレの葉

樹液を出すハルニレの幹

ハルニレの樹液に集まるミヤマクワガタ

北海道の樹液採集

ミズナラ

　ドングリのなる木。葉は端午の節句に食べるかしわもちの葉に似ているが鋸歯（葉の縁のギザギザ）がとがる。葉柄は非常に短い。葉柄が長いのは近縁のコナラ。若い木と生長した木では樹皮の感じが違い、若木では灰色でツルツルした樹皮をしているが、大木になるとひび割れた樹皮になってくる。樹液は、目線くらいの低い位置で出ていることもあるが、多くは手の届かない高い場所から出ていることが多い。その場合は、チョウやハチ、アオカナブン、ハエ、アリなど多くの昆虫が集まっているかどうかで樹液の存在を探す。においも重要で、甘酸っぱいような香りが森に漂っていたら、樹液が出ている証拠だ。

ミズナラの全景

ミズナラの樹液を吸うクロヒカゲ

ミズナラの幹

ミズナラの葉

ヤナギ類

　若いヤナギを中心に探す。河畔のヤナギには、地域によってノコギリクワガタやアカアシクワガタが多数集まることがある。北海道南西部を中心に、山地の風通しのよい林道周辺の若いヤナギには、ヒメオオクワガタが集まる。これらヤナギに集まるクワガタムシを見つけるには、ヤナギの枝に付けられた、クワガタムシのかじった跡を探す。そのような新しいかじり跡がいっぱいついている場所は、クワガタムシの数が多い好ポイントだ。

ヤナギ

ヤナギの枝にとまるヒメオオクワガタ

ヤナギの樹皮

ヤナギの葉

column#7

トラップ採集をおぼえると、効率的にたくさんの昆虫を手に入れることができる。だけど、やみくもにトラップをしかけても昆虫はつかまらないゾ！活動する季節や時間、場所など、目当ての昆虫の生態を知ることが大事なんだ。

【トラップ採集のいろいろ】

昆虫採集のトラップは、餌やにおいでおびきよせるもの、光で集めるもの、地面を歩き回る虫には落とし穴で落とすものなど、いずれも昆虫の習性を利用したものだ。捕まえようとする昆虫の生態にあわせてトラップを選ぼう。

外灯に飛んできたオオクワガタのオス

トラップ採集

ブラックライト

ライトトラップ

水銀灯やブラックライトという紫外線蛍光灯を光のない山中で点灯することにより、周囲の走光性のある昆虫を集める方法である。風の強い日や寒い夜は虫が飛ばないのであきらめる。また、晴れた満月の夜も灯火に集まる虫は少なくなるが、曇っていれば問題ない。逆に、月がなく風が弱いむしむしした、気温と湿度の高い夜は、灯火採集に絶好の晩である。気温さえ高ければ多少小雨でも、クワガタムシやコガネムシ、ガなどは飛来する。

水銀灯を点灯する場合は、安定器の必要ないバラストレス水銀灯というものもあるが、安定器が必要なタイプの水銀灯の方がよく虫が集まる。また、点灯時に電圧がかかるので余裕がないとつかなくなるため、発電機は点灯する水銀灯の総ワット数の2倍程度の出力のものを用意するようにする。ブラックライトや蛍光灯だけであれば、車のバッテリーからインバーターを通して交流に変換して点灯することも可能である。灯火採集を行う場所は、足元が土やアスファルトなどで障害物が無く、灯火の周辺に飛来した昆虫も見つけやすい場所がよい。さらに、見やすくするために、大きな白いレジャーシートや布を敷くのも効果的である。ガを採集するときには、灯火の周りをレースの布で囲み、虫がとまれるようにすると採集しやすい。また、明かりの全

灯火採集の様子

トラップ採集にチャレンジ！

く無い場所では、小さな明かりでも昆虫が結構飛来する。そういう場所を見つけて、電池式の蛍光灯（4W～8W）くらいの蛍光管を集虫管やブラックライトに付け替えて灯火採集してみるのも面白い。

ライトトラップに集まってきた無数のガ

ガの採集に有効な自作ライトトラップ

外灯回り

　もう一つのライトトラップは、道路の周囲に点灯されている外灯を見回る方法である。これは、見た目が同じ色や明るさであっても、昆虫が非常に多く集まる外灯と集まらない外灯がある。何度か見回って、昆虫が集まる外灯を自分で見つけ出すことにより、それ以後の外灯回りの効率が飛躍的に上がる。外灯以外にも郊外のコンビニや周りが暗い山中の自動販売機の明かりには、多くの昆虫が集まるので忘れずにチェックしよう。見回る場所は、外灯の下の地面はもちろん、外灯の支柱、街路樹、周辺の建物の壁、橋の欄干、そして、側溝があれば側溝の中と、端にある浸透ますなどもチェックのポイントである。
外灯は、白い水銀灯が一番よいが、オレンジ色のナトリウム灯でもダイコクコガネをはじめ、弱い光にも集まる甲虫が結構飛来するので、忘れずに見回りたい。
　もう一つ、外灯に飛んで来たクワガタムシの多くは夜明けとともに、カラスやヒヨドリなどに捕食されることが多い。昼間でも、虫のよく集まる外灯の下には、多数のクワガタムシの頭やハネなどが落ちているので、そういう場所を何カ所か見つけておいて、条件のよい晩に見回るのがコツである。

橋の上の水銀灯

151

column#7

果物トラップに来たコクワガタ

ミズナラの樹液に来たミヤマクワガタ

果物トラップ

　熟れたバナナやパイナップルをストッキングやネットに入れて、木につるすもので、クワガタムシやカブトムシの採集方法として有名。筆者も子供のころ、家で食べたスイカやメロンの皮を木に仕掛けて、日が暮れてからワクワクしながら懐中電灯片手に見回りに行ったものだが、ガやアリが来ているくらいで、結局クワガタムシは採れなかった思い出がある。実際に、このトラップは奄美大島や沖縄など南方では、クワガタムシやハナムグリを集めるのに非常に有効な方法であるが、北国の北海道では、気温が低い日が多く、効果が上がる日は少ない。ただし、気温の上がる時期に良い場所に設置すればハナムグリやクワガタムシが得られる。最近、このトラップの跡があちこちに残っていて、ナイロンなどに入れて下げるため腐らずにいつまでも残っているのを目にする。もし、果物トラップを設置した場合は必ず最後に放置せずに回収すること。このトラップを設置するよりも、その分歩き回って天然の樹液を探した方が成果の上がることが多い。なお、よく樹木にナタなどで傷を付けて樹液を出そうとした跡があるが、それもあまり効果的ではなく、やはり天然の樹液にはかなわない。樹液というのは、木の傷から液が出るだけでなく、それが発酵して初めて虫の好む樹液になるのである。この条件がそろわないとなかなか虫は集まってこない。

ピットフォールトラップ

ピットフォールに入ったオシマルリオサムシ

PT（ピットフォールトラップ）

　PTのカップは、宴会などで使われる半透明のプラスチックコップの側面に、ハンダゴテなどで雨が降ってあふれるのを防ぐための水抜き穴を開けて使う。その中に、酢酸を5倍に水で薄めたものや、酢の原液を防腐剤として入れて、1～2週間置いて回収する。よくいろいろな本に、黒砂糖やビールなどを餌に入れると書いてあるが、あまり甘いものを入れるとキツネや場所によってはヒグマを誘引してしまうのでお薦めしない。糖蜜を入れても酢を入れてもそれほど入るオサムシの数は変わらないようなので、酢や酢酸をお薦めする。コップは根掘りや手ぐわで穴を掘って埋めるのが一般的であるが、最近、DIYの店で穴を開ける専用道具もあって、それを利用すると素早く穴を開けられる。コップの埋める間隔は、人それぞれであるが、1m間隔くらいで埋めることが多い。あまり、間隔を広くあけると草が伸びたときに、次のカップを探せなくなってしまう。PTのカップは埋めたら必ず責任をもって回収することを忘れずに実践していただきたい。

トラップ採集にチャレンジ！

トラックトラップ
　車やバイクに大きな網を付けて低速で走り回り、空中を飛ぶ昆虫を空気をこしとって捕獲するトラップ。普段の一般採集では得ることができないような、空中を漂うように飛ぶ微小甲虫が多数得られ、日本未記録種や新種の昆虫の発見が期待できるトラップである。

トラックトラップ

FIT（フィット：衝突板トラップ）
　地面と垂直方向に透明アクリル板やビニールシートを立て、下に液体を入れたトレイを置いて、その板にぶつかって落ちる昆虫を捕獲するトラップ。主に甲虫類の捕獲に適しており、普段採集が難しい甲虫類がこのトラップにより得られる。

FITトラップ

ビニール製のFITトラップ

FITトラップ

マレーゼトラップ
　目の細かい網でできたテントのようなトラップで、フワフワと飛ぶ昆虫を捕獲するのに適している。よく入るのはアブやハチ、そしてトビケラなどの昆虫。樹液や花に集まらず、灯火にも集まらない昆虫を捕獲することができる。構造は中央に地面と垂直の網の壁があり、その上を片方が高くなった網の屋根で覆って、飛んできた昆虫がその網に止まり、その後上に登る習性を利用して、最後に一番上に回収容器をつけておいて、そこに虫が落ち込むようになっている。

マレーゼトラップ

column#8

生きてる姿(すがた)が一番美しい！

　以前は昆虫写真を撮るには、リバーサルフィルムを入れた高価(こうか)な一眼(いちがん)レフカメラと専用(せんよう)レンズ、専用ストロボなど、露出(ろしゅつ)やピントの合った写真を撮るためにはそれなりの機材と撮影(さつえい)技術(ぎじゅつ)が要求された。しかし、近年のデジタルカメラは機能(きのう)が充実(じゅうじつ)していて、誰でも手軽に昆虫写真を楽しむことができるようになってきた。デジタルカメラは最短撮影距離の短い機種が小さな昆虫も撮ることができる。反応速度の速いカメラの方が動く昆虫を撮影するにはチャンスを逃(のが)すことが少な

い。逆(ぎゃく)にシャッターのタイムラグが遅い機種だと動く昆虫や瞬間(しゅんかん)を撮るのは難しく、デジタルカメラの欠点の一つである。あと、欲(よく)を言えばフォーカス（焦点(しょうてん)）や露出がマニュアルで設定できる機種だとより良いが、これは無くとも可。

　トンボやバッタなど、標本になると茶色くなって色あせてしまう昆虫も多く、そんな虫の色を残すには、生きている姿を写真で残すのが一番良い。何と言っても、自然をバックに野外で活動している昆虫の姿が一番美しい。そんな昆虫の姿を自然の中でデジカメで撮影してみよう。

デジタルカメラで 昆虫写真(こんちゅうしゃしん)とを撮(と)ろう！

広角で生息環境を写し込んだセイヨウオオマルハナバチ

デジタルカメラで **昆虫写真**を撮ろう！

【デジタルカメラで昆虫を撮るには】

① 被写体にゆっくりと近づこう。急いで動くと驚いて昆虫は逃げてしまう。

② 接写はブレが大敵。地面や木、何も無い場所では体の一部にカメラを押し付けるように固定して撮影するか、しっかりとホールドして撮影する。

③ 枚数を撮ろう。下手な鉄砲も数撃ちゃ当たるを実践して、何枚も多めにシャッターを切り、ピントの良い写真を残す。

④ 広角レンズを使いこなそう。広角で周りの環境を入れた写真も撮っておこう。環境が分かると後々参考になることも多い。

⑤ いろいろな角度から撮ろう。背面や側面、顔などいろいろな角度から撮っておくと、後で同定（種名を確定）のときに役立つ。

⑥ ストロボを使おう。動きの速い虫や暗い場所ではストロボを使うとうまく撮れる。光が強すぎるときは、ストロボの前にティッシュやトレーシングペーパーを重ねて光をディフューズ（減光）すると自然な感じに撮れる。

⑦ 逆光を使いこなそう。順光だけだと同じような写真ばかりになる。シロチョウなど、逆光のほうがその美しさが際立つ昆虫も多いので、挑戦してみよう。

⑧ 影も大事な要素。虫を撮影するときに写る影も写真を面白くするぞ。また、葉などに透けて見える昆虫のシルエットも面白い。いろいろな影の入った写真も撮ってみよう。

⑨ 写真をいっぱい見よう。他人の撮った昆虫写真を数多くみると参考になるはず。いろいろな撮影の仕方を数多くの写真を見ることによって学ぼう。

最後に大事なことを一つ。余分な写真を捨てること。せっかくきれいに撮れているのにとバシャバシャと何枚も同じような写真を撮ってそのままにしておくと、膨大な量の写真がたまり、後で使おうと思った時に写真を選べなくなってしまう。似たようなカットの写真はベストショットを選んで、それを残して多くの似たカットは捨てることを覚えよう。この基本がなかなかできなくて、使わない写真が山のようにたまってしまっている人が意外と多いのではないだろうか？

オオミズアオの接写

前面からのヒシバッタの顔

逆光が美しいモンキチョウ

影の形もかわいいオオムラサキの越冬幼虫

昆虫和名索引

*は別名を表します。
**は俗名を表します。

あ

アイヌキンオサムシ　41, 42, 45
アイヌコブスジコガネ　33
アイヌテントウ　97
アイヌハンミョウ　38
アイヌホソコバネカミキリ　60
アイヌヨモギハムシ　80
アイノカツオゾウムシ　82
アイノミドリシジミ　66, 68
アオアシナガハナムグリ　53
アオオサムシ　44
アオカタビロオサムシ　44
アオカナブン　52, 148
アオカミキリモドキ　120
アオカメノコハムシ　104
アオジョウカイ　55
アオナガタマムシ　48
アオバアリガタハネカクシ　120
アオハナムグリ　52
アオバネホソクビゴミムシ　127
アオヒメスギカミキリ　58
アオヤンマ　111
アカアシクサアリハネカクシ　145
アカアシクワガタ　18, 34, 149
アカアリヅカエンマムシ　145
アカウシアブ　130
アカエゾゼミ　63
アカシジミ　68
アカスジカメムシ　106
アカネカミキリ　56
アカネトラカミキリ　56
アカバナガタマムシ　48
アカハナカミキリ　55
アカバナトビハムシ　146
アカマルハナバチ　92
アカヤマアリ　144
アキアカネ　138
アゲハ　132
アゲハモドキ　75
アシナガアリ　144
アシボソネクイハムシ　116
アズマオオズアリ　144
アトスジチビゴミムシ　127
アナバネコツブゲンゴロウ　115
アブラゼミ　63
アムールナガタマムシ　48
アメイロアリ　144
アラメハナカミキリ　58
アリクイエンマムシ　145

い

イカリモンガ　74
イタヤハマキチョッキリ　46
イチゴキリガ　91
イネキンウワバ　75
イネネクイハムシ　116
イブキスズメ　89
イブキヒメギス　101
イラガ　120

う

ウスイロオナガシジミ　67, 68
ウスイロトラカミキリ　56
ウスタビガ　71
ウスバカミキリ　56
ウスバキチョウ　135
ウスバキトンボ　139
ウスバシロチョウ　135
ウチスズメ　88
ウラキンシジミ　69
ウラクロシジミ　69
ウラゴマダラシジミ　69
ウラジロミドリシジミ　66, 68
ウラナミアカシジミ　67, 68
ウラミスジシジミ　67, 68
ウンモンスズメ　88

え

エグリキリガ　91
エグリトラカミキリ　55
エサキキンヘリタマムシ　48
エゾアオタマムシ　49
エゾアカガネオサムシ　44
エゾアカヤマアリ　145
エゾアザミテントウ　96
エゾエンマコオロギ　140
エゾオオマルハナバチ　92
エゾオオミズクサハムシ　116
エゾカタビロオサムシ　44
エゾカミキリ　124
エゾガムシ　113
エゾクロナガオサムシ　45
エゾゲンゴロウモドキ　114
エゾコエビガラスズメ　89
エゾコマルハナバチ　92
エゾシモフリスズメ　88
エゾシロシタバ　73
エゾシロチョウ　134
エゾスジグロシロチョウ　137

（右列）

エゾスミイロハナカミキリ　54
エゾゼミ　63
エゾチッチゼミ　63
エゾトラマルハナバチ　93
エゾナガマルハナバチ　93
エゾハイイロハナカミキリ　58
エゾハサミムシ　129
エゾハルゼミ　62
エゾヒメゲンゴロウ　115
エゾベニシタバ　72
エゾマイマイカブリ　41, 44
エゾミツボシキリガ　91
エゾミドリシジミ　66, 68
エゾモクメキリガ　91
エゾヨツメ　71
エトロフハナカミキリ　55
エビガラスズメ　88
エリザハンミョウ　38
エルタテハ　64
エンマコオロギ　140
エンマムシモドキ　29

お

オオアオカミキリ　57
オオアオゾウムシ　83
オオイチモンジ　122
オオカマキリ　87
オオキノコムシ　78
オオクサアリハネカクシ　145
オオクワガタ　20, 25, 34
オオコオイムシ　118
オオコブオトシブミ　46
オオシマゲンゴロウ　115
オオシロシタバ　73
オオスズメバチ　130
オオセンチコガネ　50
オオゾウムシ　82
オオタコゾウムシ　146
オオトラカミキリ　58, 130
オオニジュウヤホシテントウ　97
オオハサミムシ　128
オオハナカミキリ　56
オオヒメゲンゴロウ　115
オオヒラタシデムシ　76
オオミズアオ　70, 155
オオミドリシジミ　66, 68
オオムラサキ　64, 155
オオモンシロチョウ　136, 146
オオヨツスジハナカミキリ　55

昆虫和名索引

オオヨモギハムシ　80
オオルリオサムシ　40, 42, 45
オオルリボシヤンマ　110
オオワラジカイガラムシ　97
オクエゾクロマメゲンゴロウ　115
オクエゾトラカミキリ　125
オシマルリオサムシ　41, 42, 45, 152
オトシブミ　46
オナガアカネ　139
オナガアゲハ　133
オナガシジミ　67, 69
オナガミズアオ　71
オニグルミノキモンカミキリ　57
オニクワガタ　26, 34
オニヒラタシデムシ　77
オニベニシタバ　72
オニホソコバネカミキリ　60
オニヤンマ　110

か
カエデヒゲナガコバネカミキリ　61
ガガブタネクイハムシ　116
カクムネツボシタマムシ　48
カサイテントウ　96
カシワアカシジミ*　68
カシワキリガ　90
カタキカタビロハナカミキリ　59
カタハリキリガ　91
カタボシエグリオオキノコ　78
カツオゾウムシ　82
カドフシアリ　144
カバイロヒラタシデムシ　76
カバキリガ　90
カバシャク　75
カブトムシ　36, 99, 146
カマドウマ　101
カミキリモドキ　55
ガムシ　112
カメノコテントウ　96
カメノコハムシ　104
カラカネチビナカボソタマムシ　49
カラカネハナカミキリ　55
カラスアゲハ　133
カラフトオニヒラタシデムシ　77
カラフトキリギリス　100
カラフトトホシハナカミキリ　54
カラフトマルガタゲンゴロウ　115
カラフトモモブトカミキリ　59
カラフトヨツスジハナカミキリ　54, 124
ガロアアナアキゾウムシ　83
カワラバッタ　103
カワラハンミョウ　38
カンタン　141

き
キアゲハ　132
キイロカメノコハムシ　104
キイロスズメバチ　130
キイロマツモムシ　118
キクキンウワバ　75
キクビカミキリモドキ　120
キスジトラカミキリ　55
キスジホソマダラ　74
キタアカシジミ　66, 68
キタクニハナカミキリ　58
キタクロオサムシ　44
キタスカシバ　74, 130
キタヒメゲンゴロウ　115
キタヒラタネクイハムシ　116
キドクガ　120
キヌツヤミズクサハムシ　116
キノコヒゲナガゾウムシ　79
キバネハサミムシ　128
キバラヘリカメムシ　107
キバラモクメキリガ　91
キベリタテハ　64
キベリマメゲンゴロウ　114
キベリマルヒサゴコメツキ　127
キボシツブゲンゴロウ　114
キボシマダラカミキリ　124
キマワリ　79
キモンハナカミキリ　54
キョクトウトラカミキリ　54
キリギリス　101
キンイロキリガ　91
キンイロネクイハムシ　116
キンケクチブトゾウムシ　147
キンヘリタマムシ　48
ギンヤンマ　111

く
クギヌキハサミムシ　129
クサアリモドキ　144
クサギカメムシ　106
クシケアリ　145
クジャクチョウ　94
クスサン　70
クビボソハナカミキリ　55
クマハネカクシ　145
グミチョッキリ　47
クモノスモンサビカミキリ　57
クルマスズメ　89
クルマトンボ**　138
クルマバッタモドキ　103
クロアリヅカエンマムシ　145
クロウスタビガ　71
クロカタビロオサムシ　44
クロカナブン　53
クロクサアリ　144

く（右列）
クロコモンタマムシ　48
クロサワヘリグロハナカミキリ　54
クロシタアオイラガ　120
クロシデムシ　76
クロスキバホウジャク　89
クロスズメバチ　108
クロタマムシ　48
クロハナカミキリ　55
クロヒカゲ　65, 123, 148
クロヒメヒラタタマムシ　49
クロヒラタカミキリ　57
クロヒラタシデムシ　76
クロホシタマムシ　48
クロマダラカメノコハムシ　104
クロマメゲンゴロウ　114
クロメンガタスズメ　89
クロヤマアリ　144
クワガタゴミムシダマシ　78
クワヤマトラカミキリ　57, 125

け
ケシゲンゴロウ　114
ケズネアカヤマアリ　145
ケラ　142
ゲンゴロウ　112, 114
ゲンゴロウモドキ　112, 114
ケンモンキシタバ　73

こ
コアオハナムグリ　53
コエゾゼミ　63
コオイムシ　118
コオニヤンマ　111
コカブトムシ　37
コクロシデムシ　76
コクワガタ　22, 25, 34, 148, 152
ココノホシテントウ　96
コサナエ　111
コシボソヤンマ　111
コシマゲンゴロウ　114
コスカシバ　74
コツブゲンゴロウ　114
コトラガ　74
コトラカミキリ　56
コナラシギゾウムシ　82
コニワハンミョウ　38
コバネカミキリ　60
コバネヒメギス　100
コヒオドシ　94
コブスジアカガネオサムシ　44
コブスジツノゴミムシダマシ　79
コブナシコブスジコガネ　33
コブハサミムシ　128
コホネゴミムシダマシ　126
ゴホンダイコクコガネ　98

昆虫和名索引

ゴマシオキシタバ　72
ゴマダラオトシブミ　46
ゴマダラチビゲンゴロウ　113, 114
ゴマダラチョウ　65
コマダラハスジゾウムシ　83
コルリアトキリゴミムシ　146

さ

サッポロフキバッタ　84, 103
サビハネカクシ　79
サメハダハマキチョッキリ　46
サワダマメゲンゴロウ　114

し

シオカラトンボ　139
シギゾウムシ　83
シダクロスズメバチ　130
シナカミキリ　57
シナノセスジエンマムシ　145
シベチャキリガ　90
シマチビゲンゴロウ　114
ジャコウカミキリ　124
ジュウクホシテントウ　97
ジュウサンホシテントウ　96
ジュウジナガカメムシ　106
ジョウザンナガハナアブ　130
ジョウザンミドリシジミ　66, 68
シラキトビナナフシ　86
シラハタネクイハムシ　116
シラフヨツボシヒゲナガカミキリ　58
シラホシヒゲナガコバネカミキリ　59
シララカハナカミキリ　55
シロオビヒラタカミキリ　57
シロクビキリガ　90
シロシタバ　72
シロスジコガネ　127
シロトラカミキリ　54
シロモントゲトゲゾウムシ　83
ジンガサハムシ　104
シンジュサン　70

す

スイセンハナアブ　147
スギタニキリガ　90
スキバジンガサハムシ　104
スゲハムシ*　117
スコットカメムシ　106
スジグロシロチョウ　137
スジクワガタ　24, 34
スジバナガタマムシ　49
スナムグリヒョウタンゾウムシ　127
スモモキリガ　90

せ

セアカオサムシ　45

セアカハナカミキリ　57
セイヨウオオマルハナバチ　92, 147, 154
セグロツヤテントウダマシ　79
セスジアカガネオサムシ　45
セセリモドキ　75
セダカオサムシ　44
セモンジンガサハムシ　104
センチコガネ　50

た

ダイコクコガネ　98, 151
ダイセツタカネフキバッタ　84
ダイセンシジミ*　68
タイリクアキアカネ　139
タガメ　119
タケウチホソハナカミキリ　55

ち

チシマオサムシ　45
チビゲンゴロウ　113, 115
チビコブスジコガネ　33
チャイロキリガ　90

つ

ツクツクボウシ　62
ツノアオカメムシ　107
ツノグロモンシデムシ　76
ツブゲンゴロウ　114
ツマキトラカミキリ　56
ツヤケシハナカミキリ　55, 59
ツヤハダクワガタ　28, 34

て

テントウムシ　96

と

ドウガネブイブイ　127
トウホクトラカミキリ　56
トドマツカミキリ　58
トノサマバッタ　102
トホシカミキリ　57
トホシカメムシ　107
トホシテントウ　96
トホシハナカミキリ　54
トラガ　74
トラハナムグリ　52
トラフカミキリ　130
トラフホソバネカミキリ　60
ドロハマキチョッキリ　46

な

ナガメ　106
ナツアカネ　138
ナナホシテントウ　96
ナミアゲハ*　133

ナミゲンゴロウ*　113
ナミテントウ*　97
ナラルリオトシブミ　46

に

ニイニイゼミ　62
ニセヒラタネクイハムシ　116
ニセモンキマメゲンゴロウ　114
ニッポンカタスジナガタマムシ　49
ニワハンミョウ　38

の

ノコギリクワガタ　14, 34, 149
ノコメキシタバ　72
ノサップマルハナバチ　93
ノシメトンボ　138
ノミバッタ　143

は

ハイイロハナカミキリ　58
ハイモンキシタバ　73
ハケゲアリノスハネカクシ　145
ハセガワトラカミキリ　57
ハナウドゾウムシ　83
ハナムグリ　53
ハネナガキリギリス　100
ハネナガフキバッタ　84, 103
ハネナガブドウスズメ　88
ハネビロハナカミキリ　57
ハマダンゴムシ　127
ハマトビムシ　127
ハマヒョウタンゴミムシダマシ　126
ハマベオオハネカクシ　126
ハマベハサミムシ　128
ハヤシミドリシジミ　68
ハヤチネフキバッタ　85
ハラダチョッキリ　46
ハンノアオカミキリ　57

ひ

ヒオドシチョウ　64
ヒグラシ　63
ヒゲジロホソコバネカミキリ　60
ヒゲナガオトシブミ　46
ヒゲナガカミキリ　58
ヒゲナガモモブトカミキリ　59
ヒシバッタ　155
ヒナバッタ　103, 105
ヒメウスバシロチョウ　135
ヒメウチスズメ　88
ヒメオオクワガタ　16, 23, 34, 149
ヒメギス　101
ヒメギフチョウ　133
ヒメキマダラヒカゲ　148
ヒメクサキリ　105

昆虫和名索引

ヒメクロオサムシ　45
ヒメクロシデムシ　76
ヒメゲンゴロウ　112, 115
ヒメコブスジコガネ　33
ヒメゴマダラオトシブミ　45
ヒメシラフヒゲナガカミキリ　58
ヒメシロシタバ　72
ヒメジンガサハムシ　104
ヒメスギカミキリ　58
ヒメスズメ　89
ヒメツノカメムシ　107
ヒメハンミョウ*　39
ヒメヒラタシデムシ　77
ヒメミズカマキリ　118
ヒメヤママユ　71
ビャクシンカミキリ　58
ヒョウタンゴミムシ　33, 126
ヒラシマネクイハムシ　116
ヒラタクワガタ　23
ヒラタシデムシ　76
ビロウドヒラタシデムシ　76
ヒロオビナガタマムシ　49
ヒロオビモンシデムシ　76

ふ

フジミドリシジミ　69
フタスジハナカミキリ　55
フチグロヤツボシカミキリ　55
フチトリツヤテントウダマシ　79
ブチヒゲカメムシ　107
フトアナアキゾウムシ　83
フライシャーナガタマムシ　48

へ

ベニシタバ　72
ベニスズメ　88
ベニヘリテントウ　96
ベニモンマダラ　74
ヘリトゲコブスジコガネ　33

ほ

ホウジャク　75, 89
ホコリタケシキスイ　79
ホシホウジャク　89
ホソコバネカミキリ　57, 60
ホソセスジゲンゴロウ　115
ホソネクイハムシ　116
ホソハンミョウ　38
ホネゴミムシダマシ　126

ま

マイマイガ　120
マエモンシデムシ　76
マガタマハンミョウ　39
マクガタテントウ　96

マグソクワガタ　32, 34
マダラアシゾウムシ　82
マダラクワガタ　30, 34
マダラナガカメムシ　106
マダラヤンマ　110
マツキリガ　90
マツモムシ　108, 118
マメゲンゴロウ　115
マルガタゲンゴロウ　112, 114
マルコブスジコガネ　33

み

ミカドフキバッタ　84
ミジンハサミムシ　129
ミズイロオナガシジミ　68
ミズカマキリ　118
ミドリカミキリ　55, 59
ミドリシジミ　69
ミドリヒラタカミキリ　59
ミヤマアカネ　138
ミヤマオオハナムグリ　53
ミヤマオビオオキノコ　78
ミヤマカタビロオサムシ　44
ミヤマカラスアゲハ　132
ミヤマキシタバ　73
ミヤマクワガタ　12, 34, 148, 152
ミヤマハンミョウ　38
ミヤマフキバッタ　103
ミヤマヨモギハムシ　80
ミンミンゼミ　62

む

ムギワラトンボ**　139
ムツコブスジコガネ　33
ムツボシアオコトラカミキリ　54
ムツホシチビオオキノコ　79
ムネアカオオアリ　145
ムネアカセンチコガネ　51
ムネアカトラカミキリ　57
ムネビロイネゾウモドキ　83
ムネモンチャイロトラカミキリ　57
ムネモンヤツボシカミキリ　57
ムモンアカシジミ　66, 69
ムラサキカメムシ　107
ムラサキシタバ　72
ムラサキツヤハナムグリ　53

め

メスアカミドリシジミ　66, 69
メススジゲンゴロウ　115

も

モイワサナエ　111
モモスズメ　88
モモチョッキリ　47

モモブトハナカミキリ　55
モンキゴミムシダマシ　79
モンキチョウ　137, 155
モンシロチョウ　136
モンシロドクガ　120
モンスズメバチ　130
モンハイイロキリガ　91

や

ヤスマツトビナナフシ　86
ヤツボシハナカミキリ　55
ヤドカリチョッキリ　47
ヤナギチビタマムシ　49
ヤナギトラカミキリ　56, 125
ヤナギナガタマムシ　49
ヤナギルリチョッキリ　47
ヤマトスジグロシロチョウ　137
ヤマナラシノモモブトカミキリ　57, 124
ヤママユ　70

よ

ヨコグロハナカミキリ　54
ヨコジマナガハナアブ　130
ヨシノキシタバ　73
ヨツスジハナカミキリ　54
ヨツバコガネ　127
ヨツボシオオキノコ　79
ヨツボシクロヒメゲンゴロウ　115
ヨツボシトンボ　139
ヨツボシヒラタシデムシ　76
ヨツボシモンシデムシ　76
ヨツモンカメムシ　106
ヨホシゾウムシ　83
ヨモギハムシ　80

り

リシリノマックレイセアカオサムシ　45

る

ルイスジンガサハムシ　104
ルイステントウ　97
ルイスナカボソタマムシ　49
ルリオトシブミ　47
ルリクワガタ　31
ルリコガシラハネカクシ　78
ルリタテハ　64
ルリハナカミキリ　54
ルリヒラタカミキリ　58
ルリボシカミキリ　56
ルリボシヤンマ　110

わ

ワタナベハムシ　80
ワモンキシタバ　73

著者略歴

堀　繁久（ほり　しげひさ）

1961年札幌市生まれ。琉球大学理学部生物学科卒業。北海道開拓の村学芸員、北海道環境科学研究センター研究員、北海道開拓記念館学芸員を経て、現在は北海道博物館学芸部長。日本の北と南の端を主フィールドに、昆虫を求めて世界中を飛び回っている。10代のころは、チョウとガが一番好きであったが、沖縄で甲虫に目覚め、クワガタムシ、オサムシ、ゲンゴロウ、カミキリムシ、ハネカクシ…いろいろな甲虫へ興味が移ってきた。現在、興味を持っている昆虫は、高山、海辺、湿地、そして地下に生息している甲虫類。好きなものは泡盛と南の島。

主な著書：『沖縄昆虫野外観察図鑑』（共著、沖縄出版）、しれとこライブラリー⑤『知床の昆虫』（共著、北海道新聞社）、『日本産コガネムシ図説①食糞群』（共著、六本脚）、『昆虫図鑑 北海道の蝶と蛾』（共著、北海道新聞社）など。

Special thanks to...

青山慎一、秋田勝己、荒井充朗、伊藤勝彦、扇谷真知子、大野雅英、大原昌宏、川田光政、喜田和孝、喜田百合子、木野田君公、近藤直人、桜井正俊、佐々木邦彦、佐々木恵一、白崎真、神真琴、澄川大輔、高木秀了、高橋進、竹本拓矢、坪内純、土肥隆、徳永剛、八谷拓真、原俊二、広瀬良宏、福富宏和、松本英明、的場績、丸山宗利、三浦浩、宮田達美、保田信紀、山内英治、山本亜生、横山透、北海道大学総合博物館

増補改訂版
探そう！ほっかいどうの虫

2006年8月10日　初版第1刷発行
2007年4月11日　初版第2刷発行
2017年7月27日　増補改訂版第1刷発行
2021年3月22日　増補改訂版第2刷発行

著　者　　堀　繁久
発行者　　菅原　淳
発行所　　北海道新聞社
　　　　　〒060-8711　札幌市中央区大通西3丁目6
　　　　　出版センター（編集）℡011-210-5742
　　　　　出版センター（営業）℡011-210-5744
　　　　　https://shopping.hokkaido-np.co.jp/book/

装　丁　　ラム・グロウ
印刷所　　株式会社アイワード

落丁・乱丁本はお取り換えいたします。
本書全体、または一部の無断複製、転載を禁じます。
©Shigehisa HORI 2006. Printed in Japan
ISBN978-4-89453-872-6